动 物 代 谢 病 学

ANIMAL METABOLIC DISEASES

杨建成　主编

辽宁科学技术出版社

·沈阳·

图书在版编目（CIP）数据

动物代谢病学 / 杨建成主编. — 沈阳：辽宁科学技术出版社，2023.4
ISBN 978-7-5591-2869-0

Ⅰ.①动… Ⅱ.①杨… Ⅲ.①动物疾病—代谢病—研究 Ⅳ.①S856.5

中国版本图书馆 CIP 数据核字（2022）第 257592 号

出版发行：辽宁科学技术出版社
　　　　　（地址：沈阳市和平区十一纬路 25 号　邮编：110003）
印　刷　者：辽宁鼎籍数码科技有限公司
经　销　者：各地新华书店
幅面尺寸：170mm×240mm
印　　张：14.5
字　　数：280千字
出版时间：2023年4月第1版
印刷时间：2023年4月第1次印刷
责任编辑：陈广鹏
封面设计：张　超
责任校对：栗　勇

书　　号：ISBN 978-7-5591-2869-0
定　　价：68.00元

联系电话：024-23280036
邮购热线：024-23284502
http://www.lnkj.com.cn

本书编委会

主　编

杨建成

副主编

吴高峰　林树梅　李　鹏

参　编

（按姓氏笔画为序）

王天成　冯　颖　伞吉爽　刘　梅　刘　鸿　李方方

李伟伟　杨淑华　杨群辉　张　煜　张　燚　郑树贵

郝春晖　姜午旗　秦　霞　栾新红　盖叶丹　梁巍巍

FOREWORD

　　进入21世纪后，我国畜牧业生产向规模化和集约化方向发展，动物代谢性疾病已成为除传染性疾病和寄生虫病外，严重危害动物健康和畜牧业可持续发展的主要群发性疾病之一，给养殖企业造成巨大经济损失。为了更好地服务于畜牧业生产和兽医临床，培养高质量兽医人才，国内很多农业院校兽医学科在研究生培养中设置了动物（营养）代谢病防治方向，但目前尚缺乏专业化和系统化的教材，故我们组织了一批长期从事动物代谢性疾病研究和教学的一线教师共同编写了本书。

　　全书共分为五章，第一章概述了代谢性疾病、营养代谢病和内分泌代谢病的分类、病因、特点、诊断和防治策略。第二章概述了碳水化合物、蛋白质、脂质、维生素、矿物质和激素在体内的代谢过程及其生理作用。第三章介绍营养代谢性疾病，其中包括动物11种常见糖、脂肪、蛋白质代谢性疾病、19种矿物质和14种维生素缺乏或过量的症状。第四章介绍16种常见内分泌代谢性疾病。第五章介绍7种常见其他代谢病的病因、发病机制、临床症状、病理变化、诊断和防治方法。

　　本书结构严谨，内容全面，层次清晰，概念清楚，既注重科学性和先进性，也偏重启发性和实用性。本书既可以作为兽医学科动物代谢病防治方向研究生的教学用书，也可作为畜牧兽医专业本科生、教师、科研工作者和一线技术人员的参考用书。

本书编写过程中参考了有关专家、学者的相关文献，并得到了沈阳农业大学、辽东学院、辽宁中医药大学和辽宁农业职业技术学院等单位的大力支持和帮助，在此一并表示感谢。因时间仓促，加上作者水平有限，书中疏漏和不足之处在所难免，敬请读者提出宝贵意见。

编者

2022年5月

目录

CONTENTS

第一章 绪论

第一节 概述 …………………………………………… 001

第二节 营养代谢性疾病 ……………………………… 004

第三节 内分泌代谢性疾病 …………………………… 014

第二章 机体物质代谢及生理作用概述

第一节 碳水化合物代谢及其营养生理作用 ………… 021

第二节 脂质代谢及其营养生理作用 ………………… 027

第三节 蛋白质代谢及其营养生理作用 ……………… 030

第四节 维生素代谢及其营养生理作用 ……………… 037

第五节 矿物质代谢及其生理作用 …………………… 041

第六节 激素代谢及其生理作用 ……………………… 046

第三章 营养代谢性疾病

第一节 营养性衰竭 …………………………………… 052

第二节 低血糖症 ……………………………………… 055

第三节 脂肪肝 ………………………………………… 060

第四节 肥胖综合征 …………………………………… 067

第五节 高脂血症 ……………………………………… 080

第六节 黄脂病 ………………………………………… 083

第七节 牛酮病 ………………………………………… 085

第八节 肉鸡脂肪肝和肾病综合征 …………………… 088

第九节 禽痛风 ………………………………………… 090

第十节 瘤胃酸中毒 …………………………………… 094

第十一节 瘤胃碱中毒 ………………………………… 099

第十二节 矿物质元素缺乏和过量 …………………… 101

第十三节 维生素缺乏和过量 ………………………… 114

第四章 内分泌代谢性疾病

第一节 母畜卵巢功能障碍 ················· 122

第二节 流产 ················· 131

第三节 生产瘫痪 ················· 139

第四节 笼养蛋鸡产蛋疲劳综合征 ················· 145

第五节 胎衣不下 ················· 147

第六节 产后无乳综合征 ················· 151

第七节 种公畜生殖障碍 ················· 156

第八节 肢/趾端肥大症 ················· 161

第九节 尿崩症 ················· 163

第十节 甲状腺功能减退 ················· 164

第十一节 甲状腺功能亢进症 ················· 166

第十二节 甲状旁腺功能减退 ················· 168

第十三节 甲状旁腺功能亢进 ················· 169

第十四节 糖尿病 ················· 172

第十五节 肾上腺皮质功能减退 ················· 175

第十六节 肾上腺皮质功能亢进 ················· 177

第五章 动物常见其他代谢病

第一节 应激 ················· 181

第二节 异食癖 ················· 190

第三节 肉鸡腹水综合征 ················· 193

第四节 肉鸡猝死综合征 ················· 197

第五节 肉鸡胫骨软骨发育不良 ················· 201

第六节 奶牛皱胃变位 ················· 204

第七节 衰老 ················· 210

参考文献 ················· 215

附表 ················· 220

第一章 绪论

第一节 概述

动物代谢性疾病（animal metabolic diseases）是研究动物代谢性疾病发病原因和机制、病理变化、诊断和防治的一门学科，是动物疾病学的核心学科，也是理论和实践紧密结合的学科。代谢性疾病指因物质代谢问题引起的疾病，主要包括代谢障碍和代谢旺盛引起的疾病。常见的有糖尿病、糖尿病并发症、高血糖高渗综合征、低血糖症、痛风、蛋白质–能量营养不良症、维生素A缺乏病、维生素C缺乏病（坏血病）、维生素D缺乏病、骨质疏松症等。该类病症状轻重不一，诊断依靠临床表现及血、尿等生物化学检查。尚无有效的根治方法，主要是消除病因和对症处理。预后取决于病因、症状的轻重和治疗效果。

一、代谢性疾病的分类

根据发病原因，代谢性疾病可分为营养代谢病和内分泌代谢病两类。营养代谢病是营养性疾病和营养代谢性疾病的总称，前者指机体所需的某些营养物质绝对和相对缺乏或过多所致的疾病，后者指营养物质中间代谢某个环节障碍引起的疾病。内分泌代谢病指因内分泌组织功能异常和激素代谢异常及作用异常而引起的疾病。

二、代谢性疾病的病因

代谢性疾病的病因可分为先天因素和后天因素两类。先天因素即先天性遗传缺陷，其引起的代谢性疾病称为遗传代谢病。后天因素指外界环境因素、食物、药物和疾病导致组织器官功能障碍等因素。

（一）先天因素

遗传代谢病是因维持机体正常代谢所必需的某些由多肽和（或）蛋白组成的酶、受体、载体及膜泵生物合成发生遗传缺陷，即编码这类多肽（蛋白）的基因发生突变而导致的疾病，故又称遗传代谢异常或先天代谢缺陷。

如先天性卟啉病（congenital porphyria）是由控制卟啉代谢和血红素合成的有关酶先天性缺陷所致的一种遗传性卟啉代谢病，又称红齿病或红牙病（pink tooth disease），在猪有人称其为红骨病或黑骨病。牛的先天性卟啉病多数属于红细胞生成性卟啉病型，呈常染色体隐性遗传。猪的先天性卟啉病属于红细胞生成性卟啉病型，呈常染色体显性遗传或多基因遗传。黏脂质症是一种溶酶体功能紊乱的遗传病，主要影响结缔组织、肾小球及肾小管上皮。患畜的临床表现相当多样化，症状可能在患病动物一出生、幼年期甚至到了成年期才表现出来，早期症状常为视觉障碍及发育上的迟缓，随病程进展，进而表现出骨骼异常及其他器官系统上的病变。遗传性高尿酸血症是嘌呤代谢酶部分或全部先天缺乏所致，临床表现为血液高尿酸，伴痛风性急性关节炎、痛风石沉积、痛风性慢性关节炎、关节畸形、肾功能损害及尿酸结石形成等。卷发综合征（刚毛综合征、Menkes综合征）是先天性铜蓝蛋白结合障碍，即铜代谢障碍，导致过多的铜沉积于肝、脑、肾、角膜，表现为发卷曲、色浅、质如金属丝、生长迟缓、痴呆和肌阵挛等。

有些遗传因素使病畜对某些不良外界因素的易感性较正常要高，外界致病因素是发病的重要条件。如具有某些类型白细胞相关抗原者易发生胰岛素依赖型糖尿病，病毒等感染和其他外界因素可侵犯这些易感者的胰岛细胞，造成自身免疫反应和β细胞的破坏。胰岛素依赖型糖尿病患病动物的同卵孪生同胞有50%不发病，这说明外界致病因素的重要作用，而胰岛素非依赖型糖尿病动物的同卵孪生同胞则100%在1年内发病，这说明非胰岛素依赖型糖尿病遗传因素对发病的作用较胰岛素依赖型突出。有时两种遗传病可造成同一种代谢紊乱，当这两种遗传病同时存在时，所引起的代谢紊乱较单个遗传病严重得多。

（二）后天因素

内脏的病理变化和功能障碍也是造成代谢病的重要原因。例如肾功能衰竭可造成蛋白质、脂肪、水及电解质等的代谢变化；血磷升高，血钙降低，25-羟维生素D不能在肾脏羟化为1, 25-二羟维生素D，甲状旁腺激素继发性分泌增多以及酸中毒等，造成钙、磷代谢紊乱和代谢性骨病。肾病综合征患者长期从尿中损失蛋白质，可出现肾小球滤过率降低，氮代谢产物不易排出，磷酸、硫酸、尿酸、肌酐及尿素氮在血内堆积，造成氮质血症及代谢性酸中毒；水和钾排泄障碍，引起水肿和高钾血症等；也可出现极低密度脂蛋白及低密度脂蛋白清除障碍，使血浆胆固醇和三酯甘油升高，发生高脂蛋白血症。

一些外界因素如药物、食物也可造成各种代谢病。抗癫痫药如巴比妥钠、苯妥英钠可促进肝微粒体酶的活性，加速维生素D和25-羟维生素D在肝内的分解，因此，长期应用这类药物后，血25-羟维生素D降低，继之血中钙、磷降低，碱性磷酸酶增高，出现骨软化。经常进食含过多脂肪和胆固醇食物的动物，容易发生高脂蛋白血症、动脉硬化和胆石症。

三、代谢性疾病的特点

尽管各种代谢性疾病有不同的临床症状，但也存在一些共同点。

（1）糖、蛋白质、脂肪及水和矿物质等代谢障碍，常常是相互影响和联系的，有时会造成恶性循环。如胰岛素缺乏使血糖升高，血浆脂蛋白、胆固醇、甘油三酯升高，蛋白质分解，负氮平衡，糖的渗透性利尿造成脱水及钾、钠、钙、磷和镁等负平衡，严重者发生酮症酸中毒，后者又加重血糖及血脂的升高，如此循环，最终可导致动物死亡。

（2）各种代谢病均可影响全身各组织器官。如高胆固醇血症的基本特点是胆固醇在血管等处的沉积，造成动脉硬化，受累的组织是全身的，如脑动脉硬化、冠心病、肾动脉硬化并造成肾功能障碍、周围血管硬化以及皮肤和肌腱的黄瘤等改变。

（3）许多代谢病可影响智力、生长发育和精神状态。如半胱氨酸尿症等均伴有严重的脑部损害和智力减退、生长发育阻滞，患病动物常早年夭折。

（4）代谢病临床表现的轻重，取决于代谢紊乱的程度和对重要器官组织结构与功能破坏的程度。一般说，疾病早期仅为生物化学过程的改变，器官组织的病理和功能改变不明显，临床上可无明显症状。如糖尿病早期血糖轻度升高，患病动物多年无症状，当血糖明显升高时，则有多饮、多尿、多食和消瘦等症状。长期高血糖、高脂蛋白血症以及血小板功能异常，可造成微血管和大血管病变，此时有眼底视网膜血管、肾、心、脑和周围神经、血管等并发症的症状。有的代谢病代谢紊乱严重，如范可尼氏综合征的幼畜由于近端和远端肾小管功能障碍，出生后迅速死于脱水、电解质紊乱及代谢性酸中毒。

（5）代谢病的诊断要根据症状、体征和化验全面分析。家族史的调查是诊断遗传性代谢病的重要一环。早期无临床表现者，需依赖实验室检查才能确诊。无症状的糖尿病要依赖检查血糖，甚至葡萄糖耐量试验诊断。许多遗传病的诊断，特别是病因诊断要依赖现代的科学方法。J.戈尔茨坦和M.布朗发现了低密度脂蛋白受体（LDL受体），阐明了LDL代谢途径以及家族性纯合子或杂合子高胆固醇血症分别是由于LDL受体缺少和数目减少所致的。在基因水平上，目前已发现有一些脂代谢病与载脂蛋白的限制性片段长度多态性（RFLP）有关。这种RFLP技术可直接用于遗传性脂代谢病的临床诊断。

（6）代谢病大多缺少根治方法。治疗方法有：替代疗法（如给胰岛素依赖型糖尿患病动物注射胰岛素以补充胰岛β细胞分泌胰岛素的缺乏）；减少由于酶缺陷而引起的底物积聚（如治疗半乳酸血症用无半乳酸的食物）；对肾小管酸中毒所致的低血钾和高氯性酸中毒可用碳酸氢钠纠正酸中毒并补充钾盐；D-青霉素可与胱氨酸结合成较易溶解的二硫化物混合物，故可用于治疗胱氨酸尿等。

第二节　营养代谢性疾病

动物在生长发育过程中，需要从外界或饲粮中摄取适当数量和质量的营养物质（糖类、蛋白质、脂肪、维生素、矿物质和水等）以满足机体需求。当营养物质缺乏或过量以及代谢异常时可导致营养代谢病的发生。

一、营养代谢病分类

根据营养物质的种类一般将营养代谢病分为3类：糖脂蛋白质代谢性疾病、维生素代谢性疾病和矿物质元素代谢性疾病。

（一）糖脂蛋白质代谢性疾病

包括仔猪低血糖、仔猪营养性贫血、猪黄脂病、鸡脂肪肝出血综合征、鸡脂肪肝-肾综合征、家禽痛风、禽淀粉样变、牛酮病、母牛肥胖综合征、母牛妊娠毒血症、瘤胃酸中毒、牛营养性竭症、羊谷物乳酸中毒、羊妊娠毒血症、羔羊毛球阻塞、羔羊低血糖症、犬猫低血糖症、犬猫肥胖症、犬猫高脂血症等疾病。

（二）维生素代谢性疾病

1. 脂溶性维生素代谢疾病

包括维生素A、维生素D、维生素E和维生素K的缺乏或过量。

2. 水溶性维生素代谢疾病

包括维生素B_1、维生素B_2、维生素B_3（泛酸）、维生素B_5（烟酸）、维生素B_6、维生素B_7（生物素）、维生素B_9（叶酸）、维生素B_{12}、胆碱和维生素C的缺乏或代谢障碍。

（三）矿物质元素代谢性疾病

1. 常量元素代谢疾病

包括Ca、P、Na、Mg、S和Cl等的缺乏与过量。

2. 微量元素代谢疾病

包括Fe、Cu、Co、Zn、Mn、Se、Cr、I、Mo和F等的缺乏与过量。

二、营养代谢病的病因

营养代谢病根据起因于营养物质的缺乏或过量，还是进入机体后代谢过程异常分为两类：营养性疾病和营养代谢性疾病。

（一）营养性疾病

该类营养代谢病由摄取营养物质不足、过多或比例不当引起，包括以下两种类型。

1. 原发性营养失调

导致营养物质摄入不足的原因主要有以下3个方面：一是日粮原料中营养物质缺乏；二是日粮配置过程中，某种物质未足量添加（比如蛋白水平不足可引起蛋白质缺乏症）、营养物质之间的拮抗，饲料贮存时间过长、贮存方法不当，导致饲料中的营养物质损失，或产生有毒有害物质；三是动物出现采食量下降引起营养物质摄取不足。营养物质摄入过量主要由以下两种原因导致：一是土壤或水中某些营养物质过量引起的地方性营养中毒病，如地方性氟中毒引起的骨代谢性疾病。二是日粮中过量添加营养物质，如能量摄取超过消耗故引起肥胖症，生产中比较常见的蛋鸡脂肪肝综合征。

2. 继发性营养失调

该类营养代谢病是因机体发生了器质性或功能性疾病所致。

（1）进食障碍，如口、咽、食管疾病所致摄食困难，精神因素所致摄食过少、过多或偏食。口炎在各种家畜都有发生，而以马、牛、犬、猫最为常见。食道阻塞，俗称"草噎"，则多见于牛、马、猪和犬。在一些应激因素的影响下，动物机体处于"紧张状态"，导致机体激素分泌紊乱，使得机体的糖、脂、蛋白质代谢也出现紊乱。

（2）消化、吸收障碍，可因疾病、营养物质拮抗或某些药物所致。疾病如动物常见的胃肠炎、肝脏疾病及胰腺疾病，严重影响机体对一些营养物质的消化吸收。营养物质之间的拮抗，比如日粮中单纯的高钙或高磷都不利于动物机体对钙磷的吸收，从而导致骨营养不良。一些药物也会影响动物机体的消化吸收，如考来烯胺可引起动物食欲下降、胃痛、腹泻而影响营养物质的消化和吸收。

（3）物质合成分解障碍。如仔猪低血糖症就是因为新生仔猪肝糖原贮备少，肝脏的糖异生功能不健全所致。肝脏疾病可降低脂类和脂溶性维生素的合成与分解，如肝硬化失代偿期白蛋白合成障碍引起的低白蛋白血症。

（4）机体对营养需求的改变。如发热、甲状腺功能亢进症、肿瘤、慢性消耗性疾病、大手术后以及生长发育、妊娠等生理性因素，使机体需要营养物质增加，如供应不足可致营养缺乏。

（5）排泄失常。如多尿可致失水，腹泻可致失钾，长期大量蛋白尿可致低白蛋白血症。

（二）营养代谢性疾病

一般因机体中营养物质代谢障碍或紊乱引起，包括以下几种。

1. 蛋白质代谢障碍

（1）继发于器官疾病，如严重肝病时的低白蛋白血症，淀粉样变性的免疫球蛋白代谢障碍。

（2）先天性代谢缺陷，如白化病、血红蛋白病、先天性氨基酸代谢异常等。

2. 糖代谢障碍

（1）各种原因（如疾病导致肝损伤）所致糖尿病、葡萄糖耐量减低以及低血糖症等。

（2）先天性代谢缺陷　如精氨酸酶缺乏导致的高氨血症、果糖不耐受症、半乳糖血症、糖原贮积症等。

3. 脂类代谢障碍

主要表现为血脂或脂蛋白异常。可为原发性代谢紊乱或继发于糖尿病、甲状腺功能减退症等。比如奶牛的酮病，就是因为糖原不足，引发奶牛机体脂代谢异常增加，脂类物质分解代谢不彻底所产生的酸性物质在机体累积所致。

4. 水、电解质代谢障碍

多为获得性，亦可见于先天性肾上腺皮质增生症等。

5. 无机元素代谢障碍

如铜代谢异常所致肝豆状核变性，铁代谢异常所致含铁血黄素沉着症等。

6. 其他代谢障碍

如嘌呤代谢障碍所致痛风，卟啉代谢障碍所致血卟啉病等。

三、动物营养代谢病的特点

因动物尤其是猪鸡牛羊等食品动物饲养方式多为大群饲养或工厂化养殖，饲养管理趋近于标准化及一致化，因此其营养代谢病具有区别于单独饲养动物，如犬猫等的特点。

（一）群体发病

在集约化饲养条件下，动物营养代谢病的群发性特点更明显。如随着产奶量的不断提高，奶牛真胃变位的发病率已由过去的0.2%～0.5%提升为2%～4%，西欧奶牛能量缺乏综合征发病率已提高至30%。

（二）地方流行性

由于地质化学方面的缘故，有些地区某些矿物元素含量的变化比较大。例如，在我国北纬21°～50°和东经97°～130°，呈现出一条由东北向西南走向的狭窄的缺硒地带，经过16个省、自治区、直辖市，约占我国国土面积的1/3。

（三）发病与畜禽生理阶段和生产性能有关

有些畜禽营养代谢病被人们称为生产性疾病或发育性疾病，如奶牛的酮病、真胃变位等多发生在奶产量超过6000kg的高产牛群中；又如肉鸡腹水综合征或肉鸡猝死综合征等多发生于28～42d内体重达到3.0kg以上的快速生长的良种肉鸡。很显然，这些疾病的发生与畜禽较高生产性能的发挥密切相关。

（四）个体之间不呈现出传染性

畜禽营养代谢病在某个养殖场或某一地区虽呈群体发生，但只要经过仔细调查，从患畜体内难以分离到特异性病原微生物或寄生虫，个体之间亦难以找到相互传染的证据。病畜除发生继发性感染之外，一般体温不升高，其食欲变化通常也不像传染病发生时那样明显。给营养缺乏症的患畜补充所缺乏的营养元素后，可使疾病在短期内终止流行。

（五）某些畜禽营养代谢病常常具有特征性的病理及血液指标的变化

例如母牛产后血红蛋白尿除了具有血红蛋白尿、贫血等症状外，还有低磷酸盐血症，血液学检查时可见到网织红细胞。又如雏鸭的硒缺乏除出现两肢瘫痪外，肌胃变性则是其较具有特征性的病理学变化。而雏鸡的硒缺乏，常在腹部皮下呈现渗出性素质的特征性病理变化。另外，家禽痛风常呈现高尿酸盐血症，血液中尿酸盐浓度由正常的8.97～17.94mmol/L升高至89.7mmol/L以上，与此同时，有的患鸡在关节囊或关节软骨周围组织有尿酸盐沉积，而有的患鸡则在内脏（如肝脏和心脏等）表面有尿酸盐沉积。此外，诸如鸡的继发性维生素K缺乏常呈现全身性出血性病变；犊牛维生素A缺乏常呈现出夜盲症甚至失明；鸡的核黄素缺乏常呈现出趾蜷曲症；鸡的硫胺素缺乏常引起多发性神经炎；家禽锰缺乏常呈现骨短粗症；仔猪铁缺乏常呈现出贫血症。但还有许多畜禽营养代谢病常常缺乏特征性的症状或病理变化，导致早期诊断困难。

（六）发病缓慢，病程较长，常常缺乏特征性的症状

因为从营养代谢紊乱，到患畜机体出现功能和形态学的变化乃至呈现临床症状，往往需要经过长短不一的一段时间，有的数周，有的数月或更长的时间，一般呈现慢性经过。有的畜禽营养代谢病通常只表现为精神沉郁、被毛粗乱、食欲减退、消化障碍、生长发育不良、贫血、消瘦、有异食癖、生产性能下降、繁殖功能异常，与一般的寄生虫性疾病或中毒性疾病极为相似，会给诊断带来一定的困难。例如奶牛钴缺乏症，如果不是借助实验室手段，对饲料，患牛血液、内脏中的钴元素进行分析测试，的确难以得出客观的诊断结论。

（七）某些畜禽营养代谢病的发生与遗传因素有关

例如α-甘露糖苷累积病是由于α-甘露糖苷酶先天性缺乏引起各种短链多聚糖在细胞溶酶体内沉积所致的一种遗传性糖代谢病。在安格斯牛、盖洛威牛、墨累灰牛和波斯猫中均有发生。该病目前尚无根治办法，检出并剔除致病基因携带者是消除本病的唯一方法。因此，在引进安格斯牛、盖洛威牛、墨累灰牛的种

牛时必须进行严格的检疫，剔除血浆 α -甘露糖苷酶活性低于正常牛50%（5IU/L）的杂合子个体，以防致病基因传入和扩散。

四、动物营养代谢病的诊断

营养代谢病多呈慢性经过，涉及的脏器与组织比较广泛，并且其典型症状出现较晚。诊断时，除对病史、饲养管理和日粮组成等进行调查外，还必须结合流行病学特点、特征性症状与病理变化、生化指标测定结果等进行全面综合分析，方能做出正确的判断，并为制定防治措施提供依据。

（一）流行病学调查

主要包括发病率，死亡率，发病季节，发病年龄，动物生产性能，防疫注射情况，日粮来源，该畜牧场群发病发生病史和特点，饲料组成、加工和储存情况，动物的各种饲养管理情况，环境卫生情况，是否曾流行过其他传染病或寄生虫病，发病畜群所在地区的环境和地质化学情况等，均能为畜禽营养代谢病诊断的建立提供有价值的线索。

例如肉鸡猝死综合征（AS）多发生在新育成的肉鸡中，其发病率通常在2%～5%，在鸡群中多半发生于生产性能发挥较好，即个体情况较好或个体最大的肉鸡，而且发病常常与噪声或其他应激因素作用所致的惊群现象相关。这些资料为肉鸡AS的诊断提供极为重要的线索。又如呈现群发性的以牛毛色变白、腹泻等症状为特点的病症，发病地区又存在着大型钼矿。了解这些地区的环境特点，有利于我们联想到这些患牛有可能是钼中毒而继发铜缺乏症。

（二）临床症状的检查

通过详细的临床检查，了解疾病的主要损害部位和程度，确定疾病性质。一般而言，在动物中若长期存在生长发育滞缓、营养不良、繁殖功能低下，又无体温升高症状，还不能检查出特异性的病原微生物时，做出确切的诊断很困难，此时应该考虑畜禽营养代谢病存在的可能性。但有些营养代谢病有比较典型的临床症状，可初步诊断。如患产后血红蛋白尿的牛有明显的贫血、血红蛋白尿和低磷酸盐血症、体温不升高等症状；维生素A可能缺乏的牛表现出牛群中尤其是新生犊牛出现夜盲的症状，重症者甚至白昼视力亦极度减弱；鸡维生素B_1缺乏临床症状是部分病鸡呈现特殊的"观星"姿势或瘫痪；鸡维生素B_2缺乏症状是部分病鸡出现足趾向内蜷曲并且以跗关节着地的症状。

（三）病理学检查

有些营养代谢病表现出特征的病理变化，根据尸体剖检和组织学检查可初步确诊，这对于建立畜禽营养代谢病的诊断往往具有重要的参考价值。如猪的碘缺乏症均呈现出甲状腺肿大，皮下有黏液性水肿，这些大体病理变化能为建立诊断提供重要启示；犊牛和羔羊缺硒常会出现横纹肌肌肉变性而导致肌肉颜色变淡，雏鸭缺硒则多有肌胃变性的特点；家禽痛风在内脏表面或在关节面上可见到尿酸盐的沉积。

（四）实验室检查

根据病因分析和病理变化，选择采集有关样品（如血液、尿液、乳汁、被毛、组织等）进行某些营养物质和相关生理生化指标及代谢产物的测定，为诊断提供辅助手段。其中，患畜的临床血液学和生物化学检查在畜禽营养代谢病的诊断中具有重要作用。产后10d缺铁性贫血的仔猪，其血红蛋白值常为$20\sim40g/L$，而同龄健康仔猪血红蛋白值则为$40\sim50g/L$；饲喂过多棉饼饲料导致牛发生尿石症，其血液中磷和镁的值明显高于健康牛；饲喂过多精料导致羊发生尿石症，患羊血磷水平显著升高；缺硒的牛羊，其血浆中肌酸磷酸激酶（CPK）活性较健康牛羊显著升高，正常绵羊CPK值为（52 ± 10）IU/L，山羊为（26 ± 5）IU/L，而因硒缺乏所致的肌营养不良牛羊的CPK值可升高至1000以上，通常升高至$5000\sim10000$IU/L。

（五）饲料检查与分析

当怀疑某种营养代谢病可能由日粮中某种元素缺乏所致时，可对饲料中相关营养元素进行检查与分析，亦可为疾病的诊断提供部分依据。在兽医临床上，常常遇到的现象是：当兽医怀疑某种营养元素缺乏时，经过饲料分析，证明其中并不缺乏该营养元素。对此，我们必须做进一步调查与研究，特别要考虑对该营养元素具有拮抗作用的物质是否存在。例如井水中高钙、高镁等成分会影响家禽对锰的吸收，与饮用自来水相比，更容易加剧肉鸡锰缺乏的发生。

（六）治疗性诊断

对某些营养代谢病，在疾病高发区可选择一定数量的有明显临床症状的患畜或有亚临床症状可疑患畜，通过补充某些营养物质后观察其医治效果，如患畜经处理后症状渐渐减轻或消失，情况日益改善，则说明诊断成立的可能性较大。在兽医临床上人们经常采用这种方法帮助疾病诊断的确立。如我国学者曾报告一起以皮下渗出性素质和瘫卧为临床特征的群发肉鸡病例，初步怀疑为硒缺乏，通过饮水补硒3~5d后，症状明显减轻甚至消失，鸡群体况和活力明显改善，从而进一步证明原先的诊断是客观的和正确的。

（七）动物实验

许多营养代谢病病因复杂，为了确定疾病的病因和发病机制，可根据实验室分析结果，严格控制实验条件，从而建立与自然病例症状相似的实验性动物模型，为诊断提供可靠的依据。但动物实验往往要经过较长的时间方能复制成功，而且在整个实验过程中会受到一些难以预料的因素的影响。因此，我们必须严格控制实验条件，以确保实验的成功。

五、动物营养代谢病的防治

依据动物营养代谢病的病因和发病特点，一般需从以下5个方面进行动物营养代谢病的防治。

（一）加强饲养管理，科学地配制日粮

对于不同生产用途、不同品种、不同年龄阶段和不同生产水平的畜禽均应参照国家的营养标准或参考美国NRC的标准科学地配制日粮，并合理地饲喂。这是预防畜禽营养代谢病的有效途径。例如，符合营养标准产前的青年鸡日粮中，钙含量只宜在1%以下或1%左右，如果养殖户由于缺乏知识或粗心大意，误将日粮中的钙含量配成3.4%~3.5%甚至4.0%，则难免会出现水样腹泻或痛风等问题。

（二）对高产家畜定期进行"代谢谱"的监测，可及早发现代谢平衡失调的现象

国外学者早在20世纪70年代就开始在奶牛生产中推广应用这种被称为"代谢谱"（meta-bolic profile）的方法，它包括在高产奶牛群中定期、随机地选择若干头个体进行血浆蛋白质、血浆酮体、血糖、钙、磷、甘油三酯、胰岛素和胆红素等项目的检测，而且还计算这些高产奶牛的摄入量和产出量（包括产奶量）是否平衡，并根据牛群体内物质代谢的正平衡还是负平衡状态，采取相应的营养调控措施，使被检牛体内各种营养元素在"input"与"output"之间尽可能保持平衡状态，尽可能避免出现"以牺牲牛群健康为代价换取高产"的现象。针对目前高产奶牛产后能量负平衡综合征发病率高的现象，"代谢谱"的推广与应用具有实用意义。

（三）应从动物生态平衡的角度来审视畜禽营养代谢病的问题

如由于地质化学的原因，导致某些地区动物发生"硒缺乏""铜缺乏""钴缺乏""碘缺乏"等，有些地区由于干旱可能导致牛群暴发"磷缺乏症"。又如当前世界各国养猪生产普遍采用饲料中添加高铜刺激生长的办法，饲料中铜的含量一般为250mg/kg或更高，大量的铜随猪的粪便返回到大田、池塘，导致土壤、水源中高铜，继而导致该片土壤上生长的植被生态情况发生变化。可以设想，以这片土地上植被赖以为生的动物将又会发生什么情况，是否有可能发生什么新的营养代谢病呢？尽管答案暂时还不得而知，但是运用这种观点和思维方式来审视畜禽营养代谢病，将有利于我们实施有效的综合防治。

（四）及时和正确地建立畜禽营养代谢病诊断，是有效防治这类疾病的前提

畜禽营养代谢病的诊断不仅要求兽医临床工作者有丰富的临床经验，扎实的生理学、生物化学、病理学、营养学等方面的专业基础知识，还需要有一定实验室设备。目前我国部分院校已经建立"畜禽营养代谢病研究室"，针对危害较严重的畜禽营养代谢病进行着长期不懈的探索，并已取得了可贵的成果。加强我国

畜禽营养代谢病研究人才的培养，不断加强有关畜禽营养代谢病诊断实验室的建设，逐步地提高诊断水平，将是提高我国畜禽营养代谢病防治水平的必由之路。

（五）贯彻"防重于治"的原则

尽管目前对我国养殖业危害最大的是一些畜禽传染性疾病，而且对于这些畜禽传染性疾病的发生，特异性的病原微生物起了关键性的作用，但畜禽营养的缺乏或代谢紊乱常常成为某些畜禽传染性疾病暴发的诱因，人们逐步认识到，改善饲养管理特别是预防畜禽营养代谢病已成为有效预防畜禽传染性疾病不可缺少的一环。

第三节　内分泌代谢性疾病

内分泌是机体内分泌腺（包括下丘脑、垂体、甲状腺、甲状旁腺、肾上腺、胰岛和性腺等）或内分泌细胞合成和分泌的特殊化学物质（主要是激素），通过血液循环或扩散传递给相应的靶组织和靶细胞，调节其生理功能的过程。机体通过内分泌活动调节生长、发育、生殖、代谢、运动、免疫和衰老等生理过程，维持内环境的稳态。内分泌器官功能异常及其分泌的激素代谢和作用异常可导致内分泌代谢病的发生。通常大动物较少有内分泌代谢病的发生，小动物内分泌代谢病在小动物临床上占有较重要的地位。据调查，犬猫内分泌代谢病约占临床犬猫疾病的10%。

一、内分泌代谢病的病因和分类

内分泌代谢病可按内分泌腺/内分泌细胞的功能状态分为功能亢进、正常、减退及衰竭；也可在激素缺陷的基础上分为激素分泌减少、激素超量产生、激素结构异常、激素受体作用异常、激素运输及（或）代谢改变、多重激素不正常。临床上这两种分类方法交叉使用。实际上，在内分泌代谢病的发病过程中，常同时有一种以上作用的不正常，如在非胰岛素依赖性糖尿病时，同时有胰岛素超量产生及对胰岛素作用的抵抗，至于何者为因，何者为果，有些目前尚未完全弄清楚。动物内分泌代谢病可归纳为以下6种。

（一）激素分泌减少或缺乏

激素分泌减少或缺乏主要由两方面原因导致：内分泌器官功能减退和内分泌器官外病变。内分泌器官功能减退又可分为遗传性缺陷导致和后天性内分泌器官破坏导致两类。遗传性缺陷导致的激素分泌减少或缺乏如染色体缺陷（先天性卵巢发育障碍）、基因突变（基因性生长激素缺乏症）、内分泌腺体缺乏（无睾症）、激素合成酶缺乏（肾上腺性症综合征）。后天性内分泌器官破坏导致的激素分泌减少或缺乏见于感染（结核引发的肾上腺皮质功能减退）、梗死坏死（席恩综合征）、其他疾病所致的内分泌组织坏死如炎症（继发于胰腺炎的糖尿病）、肿瘤压迫（鞍区肿瘤对垂体的压迫）、自身免疫损害（慢性甲状腺炎）及各种物理损伤（放射治疗、手术摘除、温度损伤等）。但至今仍有一些内分泌器官功能减退的原因不明。内分泌性受损的过程虽可为急性的（如出血性肾上腺综合征），但一般是慢性的，可为几天、数月，甚至多年。急性发生者多无慢性症状，慢性发生者也因发生速度的不同，临床表现有差异。一般内分泌腺体在基础分泌量下降前，先有激素储备的减少。当激素的合成及分泌减少时，受其调控的靶腺激素的生成和释放也下降，故临床表现为靶腺功能减退。

内分泌器官外病变所致的激素缺乏包括激素原转化为活性激素的缺陷和激素的降解增加两种。激素原转化为活性激素的缺陷如慢性肾衰竭患者25-羟维生素D转化为活性1，25-双羟维生素D有缺陷。激素的降解增加如苯妥英钠及甲状腺激素促进皮质醇降解，致隐匿的部分性肾上腺皮质功能减退得以表现。

（二）激素超量产生

激素超量产生可分为以下7种情况。

1. 内分泌器官肿瘤或增生

内分泌器官肿瘤多为分化良好的腺瘤，较少为癌。它除有激素分泌过多的临床表现外，还可有瘤局部扩张的症状。内分泌腺体增生可由于体内有激素受体的刺激性抗体（毒性弥散性甲状腺肿）、促激素分泌过多（如垂体或异位 ACTH 分泌瘤引起的肾上腺皮质增生），或原因不明（如肾上腺球状带增生引起的原发性醛固酮增多症）所致。

2. 异位激素综合征

指起源于非内分泌组织的肿瘤，多为恶性。这些肿瘤可分泌某些肽类/胺类激素或激素样化学物质，引起相应激素过多的综合征。目前已知肿瘤除了产生有生物活性的激素外，还可释放不具有活性的或活性甚小的激素前体、亚基或片段。

3. 医源性病因

当用药理剂量的激素治疗非内分泌疾病时，或用过量激素做替代治疗时，或患畜服用大量激素或激素激动剂时，均可产生医源性内分泌功能亢进。此外，有些非激素性药物可有激素样作用，如服用甘草能产生类似原发性醛固酮综合征的临床表现。

4. 靶组织对相应激素的敏感性增加

这种临床情况少见，如甲状腺激素能增强某些组织中的儿茶酚胺受体，致β肾上腺素能过度兴奋，对已有病变的心脏，可引起心房纤颤。至于对激素轻度过敏反应是否在某些疾病的发病机制中起作用，尚待深入研究，如原发性高血压患畜可能对加压性物质过敏，或对扩张血管物质的敏感性减弱。

5. 自身免疫性抗体

有兴奋受体作用的自身性免疫抗体可引起靶腺功能亢进，如甲状腺激素受体的兴奋性抗体可使患畜甲状腺激素过度分泌而有甲状腺功能亢进。

6. 激素生物合成酶缺陷

先天性肾上腺性综合征患畜的肾上腺皮质类固醇生物合成酶有缺陷时，其合成步骤被阻断，酶作用部位前的底物及其产物即皮质醇前身物质和性激素的合成及分泌均增加。

7. 继发性激素超量分泌

正常内分泌器官受到病理性刺激时，可导致激素的超量分泌，如肝硬化腹水、充血性心力衰竭及肾病综合征等可引起继发性醛固酮增多症，氮质血症时可引起继发性甲状旁腺功能亢进。

（三）结构异常的激素或其他有激素作用的物质

结构异常的激素指编码激素的基因发生突变，形成结构异常的激素，导致激素的生理功能异常，如胰岛素B链C25苯丙氨酸被亮氨酸代替，结构异常的胰岛素与靶组织结合力减弱，患畜有轻度高血糖，但对外源性胰岛素仍有血糖降低的反应。

其他有激素作用的物质包括3种情况：①有激素兴奋作用的免疫球蛋白，如甲状腺功能亢进症最常见的病因是血液中有甲状腺受体的刺激性抗体。患畜血液中有低浓度的胰岛素受体抗体时，对胰岛素的分泌有兴奋作用；若胰岛素受体的抗体浓度很高时，可通过对胰岛素受体表达的下调作用，使受体对内源性胰岛素的灵敏性下降，血糖升高。②异位激素：有些组织癌变可使其内分泌细胞在正常情况下分泌的少量多肽激素和激素前体的分泌量增加，导致产生激素过多的临床综合征，如异位促肾上腺皮质激素（ACTH）综合征。有些肿瘤可将类固醇激素前体物质如去氢表雄酮代谢为有生物活性的雌酮及雌二醇（E2），产生相应的效应。③仅在病理情况下表达的激素：有些激素结构决定于数个基因，其中一些基因在正常情况下不表达，但在某些病理情况下可表达，导致该种激素分泌异常增多，机体出现相应的功能改变。

（四）激素受体异常及（或）受体后作用异常

现已证实，大部分内分泌代谢病都可能存在着激素受体异常及（或）受体后作用异常的问题，这种现象也称为激素作用抵抗。产生对激素作用抵抗的缺陷部位可分为3个层次：①受体前缺陷，包括内分泌腺分泌结构异常的激素、体内有激素的抗体（如注射胰岛素后产生的IgG胰岛素抗体）和靶细胞缺乏将激素转变为活性肽的酶（如缺乏5α-还原酶所致的双氢睾酮生成和作用减退）。②受体缺陷，包括遗传性受体缺陷或减少（如完全性或部分性雄激素受体缺乏导致的睾丸雌性化）、受体结构异常（如胰岛素受体亚基异常）、体内有受体的抗体（如B型胰岛素抵抗性糖尿病）和摄入受体的拮抗剂（如甲氰咪胍治疗消化性溃疡时产生的雄激素抵抗）。③受体后缺陷，指受体与效应器的偶联有障碍，如假性甲状旁腺功能减退症时有激活型G蛋白（Gs）缺陷，致甲状旁腺激素（Parathyroid hormone，PTH）受体不能与腺苷环化酶偶联，环磷酸腺苷（cAMP）生成障碍，靶细胞对PTH作用产生抵抗。

产生对激素作用抵抗的病因可为遗传性或获得性。遗传性对激素作用抵抗的现象主要是因编码受体的基因缺失或点突变，受体基因表达障碍，导致受体与配体结合力降低，或受体后功能有缺陷，产生遗传性受体病。遗传性受体病的临床表现相同，但基因水平改变可不同，因而需要对每个家族进行各自的分析。此外，靶组织对激素反应减退的程度在各组织中并不相同，例如，对甲状腺激素的选择性抵抗，可仅限于垂体；对雄激素作用抵抗时，受损害最严重的是睾丸。获得性对激素作用抵抗的现象常是可逆的，如由于饮食摄入量过多引起的慢性高胰岛素血症，对胰岛素受体表达有下调作用，导致对胰岛素的降血糖等作用抵抗，但在严格控制饮食，体重降低后，患者对胰岛素作用的敏感性仍可恢复。

（五）激素转运或代谢异常

一般情况下，激素的转运或代谢异常不产生内分泌代谢病，因机体可通过负反馈调节，改变激素分泌，使体液中激素含量保持在生理正常水平，故虽然实验室测得的激素水平改变，但临床上此内分泌器官的功能仍可正常，如遗传性甲状腺激素结合蛋白缺乏及肝硬化致皮质醇降解率减低时，患者均无临床内分泌功能紊乱表现。但在某些情况下，尤其是有代谢缺陷时仍可发生内分泌功能紊乱，如给肝硬化患者生理剂量的皮质醇替代治疗，因血浆蛋白产量减低，结合型的皮质醇含量减少，皮质醇在肝内的降解也减慢，导致游离皮质醇水平增加，患者可产生明显的库欣综合征表现。一般在有激素转运缺陷时，因还有其他转运途径，内分泌功能紊乱常不明显。

（六）多重内分泌系统的疾病

这类疾病较罕见，其病因常可同时或先后影响数个内分泌器官，有些是遗传性的。其中多重内分泌系统功能亢进主要是常染色体显性遗传的家族性多发性内分泌腺瘤病（MEN）。多重内分泌系统功能减退最常见的是多发性内分泌腺免疫综合征，包括：①自身免疫性多内分泌腺病综合征（autoimmune polyendocrinopathy syndrome，APS）又称为免疫性内分泌病综合征

（immunoendocrinopathy syndrome），是个体在一生中同时或先后发生两种以上自身免疫性内分泌腺病和非内分泌腺病的一组疾病群，其中绝大多数为内分泌腺（或内分泌细胞）功能减退或衰竭，血中可检出腺体特异性自身抗体，是一种呈家族发病倾向的遗传性疾病；②其他：脂营养不良综合征（lipodystrophic syndrome）、Wolfam综合征（糖尿病、尿崩症、视神经萎缩及神经性耳聋）、POEMS综合征（多发性神经病变、内脏增大、内分泌病变、单克隆蛋白质、皮肤改变）等。

二、内分泌代谢病的症状

由于内分泌代谢病的病因、病性、病情及病理生理学基础的不同，其临床表现亦多种多样，即便是同一种疾病，也有轻重之别。基本症状是，体重减轻或肥胖、生长不良或生长缓慢、虚弱或衰竭、食欲减退或亢进、多饮多尿以及脱毛、雄性乳房雌性化、持续性发情间期、阳痿、性欲减退等。

三、内分泌代谢病的诊断

内分泌代谢病可分为临床型和亚临床型。临床型有特异性的临床表现和体征，实验室证据充足，易于诊断。亚临床型缺乏特异性症状和体征，仅有实验室指标轻度异常，需要根据亚临床型的危害和预后决定治疗策略。

1. 临床诊断

临床型内分泌代谢病常表现特征性症状，据此可以建立诊断。如糖尿病的三多一少（多饮、多食、多尿和体重减少）症状，甲状腺功能亢进的高基础代谢率综合征和高儿茶酚胺敏感性综合征。但亚临床型内分泌代谢病或无特征性的症状，或呈现非典型的临床表现，或症状不明显，如肾上腺皮质功能减退，仅依据临床表现很难做出诊断，此时应结合实验室检查结果进行判定。

2. 实验室诊断

应依据临床表现，有目的地进行实验室检查。包括测定相应的生化指标，获取内分泌器官功能紊乱的间接证据，如肾上腺皮质功能减退的氮质血症、低钠血症、高钾血症等；测定血液中相关激素含量，查找内分泌功能紊乱的直接证据。

3. 内分泌器官功能试验

其目的在于判定内分泌器官功能状态。对实验室检查结果改变不明显的或亚临床的病畜，可进行内分泌器官功能试验，其结果可作为确诊依据。内分泌器官功能试验，分为刺激（兴奋）试验和抑制试验。下丘脑和垂体功能检验可采取地塞米松抑制试验、ACTH激发试验、地塞米松-促肾上腺皮质激素联合试验和促肾上腺皮质激素试验；肾上腺皮质功能检验可进行血液皮质醇的测定和皮质醇的间接测定；甲状腺功能检验可采取三碘甲腺原氨酸（T_3）和四碘甲腺原氨酸（T_4）促甲状腺素反应试验以及甲状腺摄取放射碘试验；甲状旁腺功能检验可进行血液甲状旁腺激素测定和降钙素测定；胰腺功能检验可采取血液胰岛素测定、胰岛素促分泌试验和果糖胺测定。

此外，X线、CT、核磁共振和B超等检查也有助于内分泌代谢病的诊断。

四、内分泌代谢病的治疗

内分泌代谢病的治疗原则为针对病因治疗；对于原因不明者，以纠正功能紊乱为主。对内分泌器官功能亢进的疾病可采取手术治疗（切除导致功能亢进的肿瘤或部分腺体）、放射治疗（放射线照射破坏引起功能亢进的肿瘤或增生的腺体）、药物治疗（服用药物抑制、促进激素的分泌或增强、减弱激素受体后作用）以及辅助治疗（辅以对症疗法纠正代谢紊乱）。对内分泌器官功能减退的疾病可采取外源激素的替代治疗或补充治疗、直接补充激素产生的效应物质以及内分泌腺或组织移植等治疗方法。

第二章 机体物质代谢及生理作用概述

第一节 碳水化合物代谢及其营养生理作用

碳水化合物（carbohydrates）是多羟基的醛、酮或其简单衍生物以及能水解产生上述产物的化合物的总称。这类营养素在常规营养分析中包括无氮浸出物和粗纤维，广泛存在于植物性饲料中，是动物能量的主要来源，且在动物消化道健康、生物信息传递和机体免疫等方面具有重要的营养生理作用。

碳水化合物根据化学分子结构分为单糖、寡糖、多糖和一些糖的衍生物。单糖是组成碳水化合物的基本单位，通常情况下不能水解为分子更小的糖，葡萄糖是最常见和最重要的单糖。寡糖又称低聚糖，是由2~10个分子的单糖（糖单位）通过糖苷键连接起来形成的，最常见的双糖是蔗糖和乳糖。多糖是自然界中分子结构复杂且庞大的糖类物质，可分为营养性多糖和结构性多糖，淀粉、糖原、菊糖等属营养性多糖，构成植物细胞壁的纤维素、半纤维素、果胶等属结构性多糖。非反刍动物和反刍动物由于消化道生理结构不同，对结构性碳水化合物和非结构性碳水化合物的消化吸收方式和程度存在很大差异。

一、非反刍动物的消化吸收

猪、禽对碳水化合物的消化吸收特点，是以淀粉降解为葡萄糖为主，以粗纤维形成挥发性脂肪酸（volatile fatty acid, VFA）为辅，主要消化部位在小肠。所以，猪、禽等单胃动物对粗纤维的消化利用率比反刍动物低，过高的粗纤维物质和木质素会影响其他营养物质的消化吸收。马、兔盲肠和结肠对粗纤维则有较强的利用能力，它们对碳水化合物的消化是以粗纤维形成挥发性脂肪酸为主，以淀粉降解为葡萄糖和挥发性脂肪酸为辅。

（一）碳水化合物的消化

在消化道前段，口腔中碳水化合物的消化以物理性消化为主，化学性消化为辅，使唾液与饲料在口腔中充分接触，便于吞咽。胃中碳水化合物消化率低，在胃内酸性条件下仅有部分淀粉酸解。单胃草食动物如马，由于饲料在胃中停留时间较长，饲料本身所含的碳水化合物酶或细菌产生的酶对淀粉有一定程度的消化。十二指肠是碳水化合物消化吸收的主要部位，主要进行化学性消化。饲料在十二指肠与胰液、肠液、胆汁混合，α-淀粉酶继续把尚未消化的淀粉分解成为麦芽糖和糊精，低聚 α-1,6-糖苷酶分解淀粉和糊精中 α-1,6-糖苷键，将营养性多糖分解为二糖，由肠黏膜产生的二糖酶——麦芽糖酶、蔗糖酶、乳糖酶等彻底分解成单糖被吸收。

进入肠后段的碳水化合物以结构性多糖为主，包括部分在肠前段未被消化吸收的营养性多糖。因肠后段黏膜分泌物不含消化酶，这些物质由微生物发酵分解，主要产物为挥发性脂肪酸、二氧化碳和甲烷。部分挥发性脂肪酸通过肠壁扩散进入体内，而气体则主要由肛门逸出体外。

（二）碳水化合物的吸收

小肠是碳水化合物的主要吸收部位，其中又以十二指肠为主。吸收的单糖主要是葡萄糖和少量的果糖和半乳糖。果糖在肠黏膜细胞内可转化为葡萄糖，葡萄糖吸收入血后，供全身组织细胞利用。

二、反刍动物的消化吸收

幼年反刍动物对碳水化合物的消化吸收与非反刍动物类似。成年反刍动物因存在前胃（瘤胃、网胃、瓣胃）消化，对碳水化合物的消化吸收与单胃动物差异较大。总的来看，消化方式以微生物发酵降解为挥发性脂肪酸为主，形成葡萄糖为辅，消化的部位以瘤胃为主，小肠、盲肠、结肠为辅。

（一）碳水化合物的消化

前胃是反刍动物消化粗饲料的主要场所。前胃内微生物每天消化的碳水化合物占采食粗纤维和无氮浸出物的70%～90%，其中瘤胃每天消化碳水化合物的量占总采食量的50%～55%。前胃碳水化合物的消化，实际上是微生物消耗可溶性碳水化合物，不断产生纤维分解酶分解粗纤维的一个连续循环过程。微生物附着在植物细胞壁上，不断利用可溶性碳水化合物和其他物质作为营养物质，使其自身生长繁殖，与此同时不断产生低级脂肪酸、甲烷、氢、二氧化碳等代谢产物，也不断产生纤维分解酶，把植物细胞壁物质分解成单糖或其衍生物。在微生物纤维酶作用下，粗饲料中纤维素和半纤维素大部分能被分解，果胶在细菌和原生动物作用下可迅速分解，部分果胶能用于合成微生物体内多糖。木质素是一种特殊结构物质，基本上不能分解。

碳水化合物在瘤胃中降解为挥发性脂肪酸可分为两步。第一步，复杂的碳水化合物（纤维素、半纤维素、果胶）被微生物分泌的酶水解为短链的低聚糖，主要是二糖（纤维二糖、麦芽糖、木二糖），部分继续水解为单糖。第二步，二糖和单糖被瘤胃微生物摄取，在细胞内酶的作用下迅速地被降解为挥发性脂肪酸——乙酸、丙酸、丁酸等，并产生二氧化碳、甲烷和热量，同时有能量释放产生ATP。

（二）碳水化合物的吸收

瘤胃中碳水化合物发酵产生的挥发性脂肪酸约75%通过瘤胃壁扩散进入血液，约20%经皱胃和瓣胃壁吸收，约5%经小肠吸收。碳原子含量越多，吸收速度越快。丁酸吸收速度大于丙酸，乙酸吸收最慢。部分挥发性脂肪酸在通过前胃壁过程中可转化形成酮体，其中丁酸的转化可占吸收量的90%，乙酸转化量甚微。转化量超过一定限度，会使奶牛发生酮血症，这是高精料饲养反刍动物存在的潜在危险。

三、非反刍动物的碳水化合物代谢

（一）单糖互变

动物体内单糖主要是葡萄糖，但来自植物饲料中的单糖除了葡萄糖外，还有果糖、半乳糖、甘露糖和一些木糖、核糖等，它们必须通过适当变换才能进一步代谢，或从一种单糖转变成另一种单糖以满足代谢需要，这是单胃消化吸收不同种类碳水化合物后能经共同代谢途径利用的基础。例如果糖主要经1-磷酸果糖进入代谢，动物采食含果糖多的饲料，很容易经此途径合成较多甘油三酯。

（二）葡萄糖分解代谢

主要途径有3条：无氧酵解、有氧氧化和磷酸戊糖循环。

1. 无氧酵解

在细胞液中进行，若葡萄糖用于供能，75%～90%都要先经此酵解过程。在缺氧条件下酵解产生的丙酮酸还原成乳酸。1mol葡萄糖经无氧酵解可生成6～8mol ATP。

2. 有氧氧化

实际上是糖酵解的尾产品在有氧存在条件下，进入线粒体经三羧酸循环彻底氧化。1mol葡萄糖经有氧氧化可净生成36～38mol ATP。

3. 磷酸戊糖循环

磷酸戊糖循环的主要功能是为长链脂肪酸（long chain fatty acid, LCFA）的合成提供NADPH。由1mol葡萄糖经磷酸戊糖循环可得到12mol NADPH。此外，代谢过程中产生的5-磷酸核糖或1-磷酸核糖对供给细胞中核糖需要具有重要意义。

（三）葡萄糖参与的合成代谢

1. 糖原合成

从肠道吸收的单糖转变成葡萄糖后可用于合成肝糖原和肌糖原。肝糖原只有在动物采食后血糖升高条件下为维持正常血糖水平才可能合成，肌糖原生成基本上与采食无关。

2. 乳糖合成

乳腺细胞利用血液中的葡萄糖，首先将其磷酸化，然后与UDP形成UDP-葡萄糖，再变构成UDP-半乳糖，最后与1-磷酸葡萄糖结合形成乳糖。

3. 合成体脂肪

在供能有余的情况下，葡萄糖经糖酵解生成丙酮酸，继而生成乙酰CoA，后者可转出线粒体，合成长链脂肪酸，合成体脂肪沉积。不同种类动物合成体脂肪的能力差异大。

四、反刍动物的碳水化合物代谢

（一）糖原异生

反刍动物不能大量从消化道吸收葡萄糖，但葡萄糖仍然是肌糖原、肝糖原合成的前体，充当神经组织（特别是大脑）和红细胞的主要能源，长链脂肪酸合成需要葡萄糖通过磷酸戊糖途径生成NADPH。在大量饲喂纤维性饲料的条件下，反刍动物从消化道吸收的葡萄糖几乎等于零，糖原异生对于反刍动物是极其重要的碳水化合物代谢途径。体内所需葡萄糖的90%或更多都是来源于糖原异生，最主要的生糖物质是丙酸，主要糖异生部位是肝脏。丙酸生糖过程比较复杂，在CoA、ATP、生物素、维生素B_{12}的作用下先后变成丙酰CoA、甲基丙二酰CoA和琥珀酰CoA，然后进入三羧酸循环转变为苹果酸，最后转出线粒体，在细胞液中变成草酰乙酸，再变成磷酸烯醇式丙酮酸，经逆糖酵解途径合成葡萄糖。

（二）挥发性脂肪酸的代谢

挥发性脂肪酸由瘤胃吸收入血转运至各组织器官，反刍动物组织中有许多促进挥发性脂肪酸利用的酶系。挥发性脂肪酸可氧化供能，反刍动物由挥发性脂肪酸提供的能量占吸收的营养物质总能的2/3。乳牛组织中50%的乙酸、2/3的丁酸和25%的丙酸都经氧化提供能量。乙酸可用于体脂肪和乳脂肪的合成，丁酸也可用于脂肪的合成，丙酸可用于葡萄糖和乳糖的合成。丙酸和丁酸在肝脏中代谢，60%的乙酸在外周组织（肌肉和脂肪组织）代谢，只有20%在肝脏代谢，还有少量在乳房中参与乳脂肪合成。

五、碳水化合物的营养生理作用

（一）碳水化合物的供能贮能作用

碳水化合物，可直接氧化供能，动物机体代谢所需能量的70%左右来自糖类的氧化供能。葡萄糖是供给动物代谢活动快速应变需能的最有效的营养物质，也是大脑神经系统、肌肉、脂肪组织、胎儿生长发育、乳腺等代谢的主要能源。葡萄糖供给不足，小猪出现低血糖症，牛产生酮病，妊娠母羊产生妊娠毒血症，严重时会致死亡。碳水化合物除了直接氧化供能外，多余部分也可以转变成糖原和脂肪贮存。

（二）参与动物机体的构成和调控体内代谢

在动物体，以核糖、脱氧核糖、糖蛋白、糖脂、黏多糖、壳多糖等形式存在的碳水化合物，分布在细胞膜、细胞器膜、细胞浆以及细胞间质、结缔组织、节肢动物外壳中。在体内物质运输、血液凝固、生物催化、润滑保护、结构支持、信号识别、信息传递、免疫和激素发挥活性等方面发挥着极其重要的作用。

（三）碳水化合物在动物产品形成中的作用

碳水化合物参与乳糖、乳脂、非必需氨基酸的形成。高产奶牛平均每天大约需要1.2kg葡萄糖用于乳腺合成乳糖。产双羔的绵羊每天约需200g葡萄糖合成乳糖。反刍动物产奶期体内50%~85%的葡萄糖用于合成乳糖。单胃动物可利用碳水化合物合成乳中必要的脂肪酸，也可利用葡萄糖作为合成部分非必需氨基酸的原料。

（四）碳水化合物的其他作用

粗纤维是草食动物不可缺少的重要营养素，在维持反刍动物瘤胃正常供能、刺激咀嚼和反刍，维持乳脂稳定、促进胃肠道发育、提供能量、稀释日粮营养浓度等方面具有重要作用。功能性寡糖在保护单胃动物肠道健康，增强动物疾病抵抗能力等方面的作用越来越受到重视。

第二节 脂质代谢及其营养生理作用

脂类是一种不溶于水，但溶于乙醚、苯、氯仿等有机溶剂的物质，包括甘油三酯、类脂（如磷脂、糖脂等）和蜡质等。非反刍动物和反刍动物对脂类的消化机制不同。吸收的脂肪酸可以直接合成体脂，大多数动物也可以利用葡萄糖合成体脂肪。当动物需要时，甘油三酯可以降解为甘油和脂肪酸氧化供能。脂类是动物组织细胞的重要组成成分，也是动物体内重要的储能和供能物质。脂类还具有提供必需脂肪酸等其他重要营养生理作用。本节主要介绍脂类在非反刍动物和反刍动物体内的消化、吸收和代谢及其营养生理作用。

一、非反刍动物的消化吸收

饲粮中的脂类在幼小动物口腔脂肪酶和胃脂肪酶的作用下被少量消化。而奶脂能够被幼小动物口腔脂肪酶较好地消化，随着月龄的增长，口腔脂肪酶分泌减少。

饲粮脂类进入十二指肠与大量胰液和胆汁混合，通过肠蠕动进行乳化，使之与各种脂类分解酶充分接触。脂肪酶将甘油三酯水解为甘油一酯和脂肪酸，磷脂酶水解磷脂为溶血性磷脂和脂肪酸，胆固醇酯水解酶将胆固醇酯水解成胆固醇和脂肪酸。脂类的水解产物聚合形成混合微粒，混合微粒与肠绒毛膜接触破裂，释放的脂类水解产物经异化扩散方式吸收。猪、禽吸收消化脂类的主要部位为空肠。

胆盐的吸收情况各不相同，猪等哺乳动物主要以主动方式在回肠吸收。禽类有所不同，整个小肠都能主动吸收，回肠吸收胆盐相对较少。吸收的胆汁经门静脉转运至肝脏再重新分泌进入十二指肠，形成胆汁的肠肝循环。

在肠黏膜上皮细胞中，由甘油一酯和长链脂肪酸重新合成甘油三酯，胆固醇和脂肪酸重新合成胆固醇酯，溶血磷脂和脂肪酸合成磷脂。甘油三酯、胆固醇酯、磷脂和载脂蛋白组装成乳糜微粒。乳糜微粒经胞饮作用的逆过程逸出黏膜上皮细胞，通过细胞间隙进入乳糜管，再经胸导管输送至血液循环。这是大多数长链脂肪酸被哺乳动物吸收入血方式，而中、短链脂肪酸直接吸收进入门脉循环。禽类与哺乳动物在肠黏膜细胞中重新合成甘油三酯、胆固醇脂和磷脂的过程相似。但由于禽类淋巴系统不发达，乳糜微粒直接吸收进入门脉血液。

饲粮脂类在消化道后段的消化实质上是微生物的消化，与瘤胃相似。不饱和脂肪酸在微生物作用下转变为饱和脂肪酸，并可形成支链脂肪酸。

二、反刍动物的消化吸收

幼龄的反刍动物瘤胃尚未发育成熟，脂类的消化与非反刍动物相同。

脂类在成年反刍动物瘤胃的消化实质上是微生物消化。在微生物作用下，大部分不饱和脂肪酸转变为饱和脂肪酸，部分氢化的不饱和脂肪酸发生异构化。甘油三酯水解产生的甘油，被瘤胃微生物转化为挥发性脂肪酸，被瘤胃壁吸收。丙酸、戊酸可被瘤胃微生物合成奇数碳原子脂肪酸，异丁酸、异戊酸以及支链氨基酸等被利用合成支链脂肪酸。

少量瘤胃中未被消化的饲料脂类、微生物脂类以及吸附在饲粮颗粒表面的脂肪酸进入十二指肠。由于甘油在瘤胃中大量生成挥发性脂肪酸，小肠中缺乏甘油一酯，所以成年反刍动物小肠中混合微粒与非反刍动物不同，由溶血卵磷脂、脂肪酸和胆酸构成。反刍动物黏膜细胞中的甘油三酯主要经磷酸甘油途径合成。

三、脂类代谢

在饲料能量供给充足的情况下，机体以甘油三酯的合成代谢为主，饥饿条件下则以分解代谢为主。

猪和反刍动物脂肪合成主要在脂肪组织中进行。家禽完全在肝脏中合成，过量则沉积于肝中产生脂肪肝症。非反刍动物和反刍动物均可以利用肠道吸收的脂肪酸合成脂肪。对于非反刍动物，葡萄糖进入糖酵解转化而成的丙酮酸是合成脂肪的重要底物。成年反刍动物由于没有ATP柠檬酸裂解酶和NADP-柠檬酸脱氢酶，不能将葡萄糖转化为脂肪。幼龄反刍动物具有转变葡萄糖为脂肪的能力。

来自饲料的脂肪酸在猪、禽体内可直接沉积在体脂中。当饲料中含有过多不饱和脂肪酸时，会导致肉品质下降。而反刍动物饲料中的不饱和脂肪酸在瘤胃内大量氢化成饱和脂肪酸，经吸收后以饱和脂肪酸形式沉积为体脂，瘤胃微生物合成的高级脂肪酸也多为饱和性质，因此反刍动物体脂一般不受饲料脂肪酸的影响。马、兔消化道后段可以将不饱和脂肪酸氢化为饱和脂肪酸，但由于饲料脂肪在进入消化道后段前，大部分已在小肠被消化吸收，故饲料脂肪对马、兔体脂肪的饱和度有很大影响。

当动物能量摄入不足时，会分解体内贮存的甘油三酯供能。甘油三酯在激素敏感脂肪酶的作用下分解，最终生成甘油和游离脂肪酸，甘油和脂肪酸均能被完全氧化。

四、脂类的营养生理作用

（一）脂类是动物体组织的重要组成成分

磷脂和糖脂是动物组织细胞的重要组成成分。在细胞膜中，脂类占干物质的一半以上。甘油三酯是构成动物脂肪组织的主要成分，蜡质则是构成动物毛、羽的重要成分。

（二）脂类的供能贮能作用

脂肪是含能最高的营养素，是动物体内重要的能源物质，脂肪能值是蛋白质和碳水化合物的2.25倍。脂肪也是动物体内主要的能量贮备形式。当能量摄入超过需要量时，多余的能量主要以脂肪的形式贮存在体内。脂肪还具有额外能量效应，饲粮添加一定比例的油脂替代等能值的碳水化合物和蛋白质，能减少消化过程中能量消耗，降低热增耗，当植物油和动物脂肪同时添加时效果更明显，这一效应称为脂肪的额外能量效应或脂肪的增效作用。

（三）脂类在动物营养生理中的其他作用

脂类可作为脂溶性营养素的溶剂，对脂溶性营养素的消化吸收极为重要。高等哺乳动物皮肤中的脂类具有抵抗微生物侵袭、保护机体的作用。禽类尾脂腺中的脂对羽毛具有抗湿作用。动物皮下沉积的脂肪具有绝热作用，可以在冷环境中保暖。脂肪也是代谢水的重要来源，沙漠动物氧化脂肪既能供能又可供水。胆固醇是甲壳类动物的必需营养素，胆固醇有助于虾合成维生素D、性激素、胆酸、蜕皮激素和维持细胞膜结构的完整性，对虾正常蜕皮、消化、生长和繁殖起促进作用。此外，脂类也是动物必需脂肪酸的来源。必需脂肪酸是多不饱和脂肪酸，动物体内不能合成，必须由饲粮提供，对机体的正常功能和健康具有重要作用。

第三节 蛋白质代谢及其营养生理作用

蛋白质（protein）是由氨基酸以肽键连接而成的生物大分子物质，是动物机体的重要组成部分和生命的物质基础。不同种类动物都有自己特定的、多种不同的蛋白质。在器官、体液和其他组织中，没有两种蛋白质的生理功能是完全一样的，这些差异是组成蛋白质的氨基酸种类、数量和结合方式不同的必然结果。动物必须不断从饲料中摄取蛋白质，以满足组织器官的生长和更新，并沉积于动物肉、蛋、乳等产品中，以满足人类对动物产品的需求。

一、非反刍动物蛋白质的消化吸收

蛋白质的消化吸收是指将摄入的蛋白质大分子在动物消化道中降解成为氨基酸或小肽，吸收进入机体的过程。单胃动物的蛋白质消化在胃和小肠上部进行，主要方式为酶消化。

（一）消化

非反刍动物蛋白质的消化起始于胃。首先盐酸使蛋白质变性，其立体三维结构被分解，肽键暴露；接着在胃蛋白酶、十二指肠胰蛋白酶和糜蛋白酶等内切酶的作用下，蛋白质分子降解为含氨基酸数目不等的各种多肽。随后在小肠中，多肽经胰腺分泌的羧基肽酶和氨基肽酶等外切酶的作用，进一步降解为游离氨基酸（占食入蛋白质的60%以上）和寡肽。2～3个肽键的寡肽能被肠黏膜直接吸收或经二肽酶等水解为氨基酸后被吸收。

（二）吸收

1. 氨基酸的吸收

氨基酸的吸收主要在小肠上2/3部完成，为主动吸收，分为碱性、酸性和中性氨基酸3类转运系统，3个系统各有不同载体，同一类氨基酸转运之间有竞争作用，但不影响另一类氨基酸吸收。各种氨基酸的吸收速度不同，部分氨基酸吸收速度的顺序为半胱氨酸>蛋氨酸>色氨酸>亮氨酸>苯丙氨酸>赖氨酸≈丙氨酸>丝氨酸>天门冬氨酸>谷氨酸。被吸收的氨基酸主要经门脉运送到肝脏，只有少量的氨基酸经淋巴系统转运。但新生的哺乳动物，在出生后24～36h内，能直接吸收免疫球蛋白，因此，给新生幼畜及时吃上初乳，可保证获得足够的抗体，对幼畜的健康非常重要。

2. 肽的吸收

在小肠中约1/3的氨基酸以游离氨基酸形式吸收，约2/3的氨基酸以肽的形式吸收，而且肽的吸收对游离氨基酸的吸收无影响，氨基酸和小肽的吸收机制相互独立。二肽和三肽的吸收速度比游离氨基酸快，二肽的吸收载体为质子泵，协同转运氢。

（三）影响消化吸收的因素

动物的种类和年龄、饲料组成及抗营养因子、饲料加工贮存中的热损害等均是影响蛋白质消化吸收的因素。

1. 动物因素

（1）动物种类。对同一种饲料蛋白质的消化吸收，不同的动物之间存在着一定的差异，这是由于不同种类动物各自消化生理特点的不同所致的。

（2）年龄。随着动物年龄的增加，其消化道功能不断完善，对食入蛋白的消化率也相应提高。例如，仔猪胃内盐酸、胃蛋白酶及胰蛋白酶的分泌，2～3月龄才能达到成年猪的水平。

2. 饲粮因素

饲粮中的纤维水平、蛋白酶抑制剂等均影响蛋白质的消化、吸收。

（1）纤维水平。纤维物质对饲粮蛋白质的消化、吸收都有阻碍作用，随着纤维水平的增加，蛋白质在消化道中的排空速度也增加，这无疑降低了其被酶作用的时间以及被肠道吸收的概率。有研究表明，饲粮粗纤维含量在2%～20%范围内，每增加1个百分点，粗蛋白的消化率降低1.4个百分点。

（2）蛋白酶抑制因子。一些饲料，尤其是未经处理或热处理不够的大豆及其饼粕和其他豆科籽实，含有多种蛋白酶抑制因子，其中最主要的是胰蛋白酶抑制剂。胰蛋白酶抑制剂能降低胰蛋白酶的活性，从而降低蛋白质的消化率，并引起胰腺肿大。蛋白酶抑制因子对热敏感，适当的热处理（蒸、煮、炒或膨化）可使这些因子失活。但初乳中的抗胰蛋白酶因子却是一个例外，它可保护免疫球蛋白免遭分解，使其以完整的大分子形式被吸收。

3. 热损害

对大豆等饲料进行适当的热处理，能消除其中的抗营养因子，也能使蛋白质初步变性，有利于消化吸收。但温度过高或时间过长，则有损蛋白质的营养价值，其原因是发生了一种美拉德反应（Maillard反应），即肽链上的某些游离氨基，特别是赖氨酸的ε-氨基，与还原糖（葡萄糖、乳糖）的醛基发生反应，生成一种棕褐色的氨基–糖复合物，使胰蛋白酶不能切断与还原糖结合的氨基酸相应肽键，导致赖氨酸等不能被动物消化、吸收。

二、反刍动物蛋白质的消化吸收

（一）消化

反刍动物真胃和小肠中蛋白质的消化、吸收与非反刍动物类似。但在瘤胃，由于微生物的作用，使反刍动物对蛋白质和其他含氮化合物的消化、利用与非反刍动物又有很大的差异。反刍动物对蛋白质的主要消化方式是瘤胃微生物分解。

1. 瘤胃的消化

进入瘤胃的饲料蛋白质，经微生物的作用降解成肽和氨基酸，其中多数氨基酸又进一步降解为挥发性脂肪酸、氨和二氧化碳。微生物降解所产生的氨与一些简单的肽类和游离氨基酸，又被用于合成微生物蛋白质（MCP）。瘤胃中80%的微生物能利用氨，其中26%只能利用氨，55%可利用氨和氨基酸，少数的微生物能利用肽。原生动物不能利用氨，但能通过吞食细菌和其他含氮物质而获得氮。

饲料中能被细菌发酵而分解的蛋白质叫作瘤胃可降解蛋白质（rumen degradable protein, RDP），约占饲料蛋白质的70%。不能被细菌分解，只有到瘤胃以后（真胃、小肠）才能分解的蛋白质叫作瘤胃未降解蛋白（rumen undegradable protein, UDP），或过瘤胃蛋白。

动植物体中含有一定量的非蛋白氮（NPN），包括游离氨基酸、酰胺类、铵盐、硝酸盐、胆碱、嘧啶和嘌呤等。NPN能被反刍动物瘤胃微生物很好地利用，利用原理为微生物将NPN降解产生氨，再合成微生物蛋白质。

2. 真胃和肠道的消化

蛋白质在反刍动物真胃和小肠中的消化方式和产物与非反刍动物类似，但底物种类和来源不同。进入十二指肠有50%～90%的蛋白质是微生物蛋白，10%～50%是瘤胃未降解蛋白。大肠消化与单胃动物相似。

（二）吸收

反刍动物蛋白质消化产物的吸收主要发生在瘤胃和小肠。

瘤胃壁吸收氨，经血液输送到肝脏，并在肝中转变成尿素，所生成的尿素一部分（20%以下）可经唾液和血液返回瘤胃，再被微生物降解产生氨，这种氨和尿素的生成和不断循环，称为瘤胃中的氮素循环。虽然所生成的尿素一部分可经唾液和血液返回瘤胃，但大部分却随尿排出而浪费掉。

瘤胃液中的氨是蛋白质在微生物降解和合成过程中的重要中间产物。饲粮蛋白质不足或当饲粮蛋白质难以降解时，瘤胃内氨浓度很低（<50mg/L）。瘤胃微生物生长缓慢，碳水化合物的分解利用也受阻。反之，如果蛋白质降解比合成速度快，则氨就会在瘤胃内积聚并超过微生物所能利用的最大氨浓度，引起氨中毒。瘤胃液中氨的最适浓度范围较宽（85～300mg/L），其变异主要与瘤胃内微生物群能量及碳架供给有关。

小肠主要吸收氨基酸，方式与单胃动物相同。

三、蛋白质代谢

（一）蛋白质的合成

蛋白质的合成是一系列十分复杂的过程，几乎涉及细胞内所有种类的RNA和几十种蛋白因子。蛋白质合成的场所在核糖体内，合成的基本原料为氨基酸，合成反应所需的能量由ATP和GTP提供。

蛋白质的生物合成可以如下描述：以携带细胞核内脱氧核糖核酸（DNA）遗传信息的信使核糖核酸（mRNA）为模板，以转运核糖核酸（tRNA）为运载工具，在核糖体内，按mRNA特定的核苷酸序列（遗传密码）将各种氨基酸连接形成多肽链的过程。肽链的形成包括活化、起始、延长和终止几个阶段。新合成的多肽链多数没有生物活性，需经一定的加工修饰，才能成为各种各样有生物活性的蛋白质分子。体内蛋白质的合成受多种因素调控。各组织蛋白质的氨基酸比例不同，既是这种调控的结果，也是生物进化过程中各组织、器官分工合作的体现。

（二）蛋白质的周转代谢

1. 蛋白质周转代谢的概念

机体蛋白质代谢是一个动态平衡体系，细胞总是不断地将氨基酸合成蛋白质，又把蛋白质降解为氨基酸，蛋白质降解的氨基酸一部分进入体内氨基酸代谢库，一部分又可用于合成蛋白质，从而实现组织蛋白质的不断更新、更换，这个过程称为蛋白质周转代谢（turnover）。生长动物蛋白质合成率大于降解率，成年动物两个过程的速率相等，蛋白质摄入严重不足的动物体蛋白质降解率则大于合成率。

2. 蛋白质周转的生物学意义

（1）周转是调节细胞内特异酶含量的需要，在一定生理或病理情况下，某一代谢途径需要加快或减慢，其限速酶的合成或降解也相应提高，以适应代谢调节的需要。

（2）周转是适应营养、生理和病理变化的需要，如饥饿时糖异生加强以维持血糖浓度，其原料主要来自肌肉蛋白降解产生的Gln和Ala，及其他生糖氨基酸，同时蛋白降解产生的支链氨基酸在肝外供能；又如疾病条件下，动物采食量降低，肝蛋白尤其是免疫球蛋白合成率需提高，此时肌肉蛋白降解率增加，产生的氨基酸供肝的合成所需。

（3）周转是清除体内异常蛋白质的需要，机体蛋白受外界影响或者毒化或变性，会干扰细胞的正常代谢，必须降解除去。另外，由于DNA突变，指导合成的异常蛋白也必须降解。

（4）蛋白质周转是构造细胞的需要，对维持细胞内蛋白质稳定、细胞体积和形状、组织生长速度和体积，以及创伤组织的修复都是必需的。

3. 蛋白质周转的规律

（1）机体蛋白质的总周转量大。据测定，机体更新的蛋白质量占总合成量的60%以上，为蛋白质释放的5～10倍，成年人每人每日合成的蛋白质有300g，而摄入量仅有100g。40kg羊每天蛋白质周转量200～600g。成年动物组织中参与蛋白质合成过程的氨基酸有80%来自体蛋白的分解，20%来自饲料。

（2）不同部位或组织器官蛋白质合成和周转量不同。肝、胰、消化道合成与周转量很大。牛消化道占体重6%，而蛋白质合成活动占整体蛋白质合成量的40%以上。小肠黏膜是体内更新最快的组织，完全更新只需1～2d。肝脏周转快，但蛋白质合成量占体内合成总量的10%。骨骼肌周转慢，但数量大，合成量占总的42%（猪）。肌肉蛋白质变化主要反映了蛋白质合成率，肝脏反映降解率；机体损伤，蛋白质合成降低，而分解率无变化。

（3）蛋白质寿命与其结构有关。成熟蛋白N-末端为Met、Ser、Ala、Thr、Val、Gly时，为稳定的长寿命蛋白质，而N-末端为其他氨基酸时，则不稳定，半寿期极短，修饰末端氨基酸可明显改变半寿期。

（4）蛋白质降解需要特异识别信号和ATP参加。这是一种特异蛋白质——泛肽，从单细胞到高等动物结构基本一致，由76个氨基酸组成，ATP存在时，泛肽活化酶使泛肽激活，与底物蛋白质结合，使蛋白水解酶识别分解底物，蛋白质降解在溶酶体内和溶酶体外，蛋白质降解系统作用下进行溶酶体内主要分解长寿命蛋白质；受激素、病理、营养状况影响，溶酶体外（细胞膜、细胞器、细胞质等）降解短寿命蛋白质、异常蛋白质、细胞结构蛋白质、胰蛋白和肌动球蛋白，此系统对氢和营养应激可能不太敏感，但正常情况下，大部分细胞内蛋白质靠此系统分解。

（三）蛋白质降解与氨基酸的去路

1. 蛋白质的降解代谢

蛋白质的降解代谢是蛋白质被降解为氨基酸的过程，也称为蛋白质水解。降解产生的氨基酸参与氨基酸代谢。动物体内的蛋白质降解代谢通过酶来实现。细胞内有大量降解肽键的酶即肽酶，分为切割氨基酸侧链末端的肽链外切酶和在肽链内部水解肽键的肽链内切酶。

2. 氨基酸的去路

氨基酸的去路有生糖、氧化供能和合成蛋白质3条途径。吸收的氨基酸、体蛋白质降解和体内合成的氨基酸均可用于蛋白质的合成。体内的氨基酸库汇合了来自各方面的氨基酸，氨基酸不断地进入也不断输出。

四、蛋白质的营养生理作用

蛋白质在动物体内具有重要的营养生理作用。蛋白质是动物饲粮中极重要、极昂贵的养分之一，其独特的营养生理作用不能被其他养分所代替，蛋白质供给不足或过量均会引起动物生产性能下降，并产生蛋白质缺乏症或蛋白质中毒症。

（一）蛋白质是机体和动物产品的重要组成部分

蛋白质是机体组织器官中除水外含量最多的养分，占干物质的50%，占无脂固形物的80%。蛋白质也是动物产品乳、蛋、毛的主要组成成分。除反刍动物外，食物蛋白质几乎是唯一可用以形成动物体蛋白质的氮来源。

（二）蛋白质是机体内生物功能的载体

在动物的生命和代谢活动中起催化作用的酶、某些起调节作用的激素、具有免疫和防御功能的抗体（免疫球蛋白）都是以蛋白质为主要成分。另外，蛋白质对维持体内的渗透压和水分的正常分布，也起着重要的作用。

（三）蛋白质是组织更新、修补的主要原料

在动物的新陈代谢过程中，组织和器官的蛋白质的更新、损伤组织的修补都

需要蛋白质。据同位素测定，动物体蛋白质每天更新0.25%～0.3%，6～12个月全部更新1次。

（四）蛋白质可供能和转化为糖、脂肪

在机体能量供应不足时，蛋白质也可分解供能，维持机体的代谢活动。当摄入蛋白质过多或氨基酸不平衡时，多余的部分也可能转化成糖、脂肪或分解供能。

第四节　维生素代谢及其营养生理作用

维生素是动物代谢必需的一类低分子有机化合物，需要量极少，但具有重要的生理功能。按溶解性不同，维生素可分为脂溶性和水溶性两大类。脂溶性维生素有维生素A、维生素D、维生素E和维生素K。水溶性维生素包括B族维生素和维生素C，前者主要有维生素B_1（硫胺素）、维生素B_2（核黄素）、泛酸、烟酸、维生素B_6、生物素、叶酸、维生素B_{12}等。

维生素A对于维持动物正常的视觉和上皮组织完整性必不可少，维生素D对于动物的骨骼发育具有重要作用，维生素E具有抗氧化功能，维生素K具有促凝血作用。B族维生素主要以辅酶的形式广泛参与体内代谢，维生素C又称为抗坏血酸，具有防治维生素C缺乏病的作用。本节主要介绍各种维生素的吸收、代谢及其营养生理作用。

一、维生素的吸收与代谢

（一）脂溶性维生素的吸收与代谢

脂溶性维生素的吸收主要通过脂肪的吸收而伴随吸收。食入的脂溶性维生素在小肠中与脂肪消化产物一起被乳化形成混合微粒，被吸收进入肠黏膜细胞。

维生素A常见的有A_1（视黄醇）和A_2（3-脱氢视黄醇）。饲料中的维生素A多以与蛋白质结合形式存在，维生素A添加剂多以酯的形式存在。饲料中与蛋白

质结合的维生素A和视黄醇酯在小肠中水解为游离视黄醇，以游离视黄醇的形式被肠黏膜吸收。吸收进入上皮细胞后被重新酯化为视黄醇酯，掺入乳糜微粒中转运至肝脏。当组织需要时，肝脏中贮存的视黄醇与视黄醇结合蛋白（retinol binding protein）结合，再与血浆蛋白结合，通过血液循环转运至组织利用。

维生素D主要有维生素D_2（麦角钙化醇）和维生素D_3（胆钙化醇）两种形式。饲料中的维生素D在胆盐和脂肪存在条件下形成混合微粒，以被动扩散方式吸收。吸收的维生素D主要与清蛋白结合进行转运。维生素D及其代谢产物主要通过粪便排出体外。

维生素E包括生育酚和生育三烯酚两类，每类分为α、β、γ、δ 4种，其中α-生育酚活性最高。饲料中的维生素E以游离形式被吸收，在肠黏膜细胞中形成乳糜微粒转运至肝脏。在肝细胞中再形成极低密度脂蛋白（VLDL），转运至周围组织利用。

天然维生素K包括维生素K_1和维生素K_2两种，维生素K_1即叶绿醌，存在于深绿叶蔬菜和植物油中，维生素K_2又名合欢醌，由肠道微生物合成。维生素K的吸收与其他脂溶性维生素相似，不同种类维生素K的吸收率不同，一般在10%~70%之间。

（二）水溶性维生素的吸收与代谢

水溶性维生素化学结构不同、性质各异，在动物肠道的吸收机制不同。维生素B_1又名硫胺素，在肠道中以游离形式吸收，吸收部位在小肠，其中十二指肠吸收率最高。在高浓度时，硫胺素以被动形式吸收，而低浓度时则通过载体介导的主动转运方式吸收。吸收的硫胺素在肝脏中转化为其活性形式——焦磷酸硫胺素。硫胺素在动物体内少量储存，多余的从尿中排出。

饲料中维生素B_2以黄素单核苷酸（FMN）和黄素腺嘌呤二核苷酸（FAD）形式与蛋白质结合存在，在胃酸和蛋白水解酶的作用下游离出FMN和FAD，FAD在焦磷酸酶的作用下生成FMN，进一步在碱性磷酸酶的作用下分解为核黄素而被吸收。核黄素以依赖钠离子的主动转运方式吸收，与氨基酸和糖的吸收类似。动物缺乏贮存核黄素的能力，过量的核黄素主要经尿排出体外。

饲料中尼克酸（烟酸）和尼克酰胺（烟酰胺）主要在胃和小肠上段吸收。低浓度时，主要以易化扩散方式吸收，高浓度时则以被动扩散方式吸收。吸收的尼克酸在体内转化为尼克酰胺腺嘌呤二核苷酸（辅酶Ⅰ）和尼克酰胺腺嘌呤二核苷酸磷酸（辅酶Ⅱ）参与机体内代谢反应。

饲料中的维生素B_6主要以被动扩散的方式在空肠和回肠吸收，并在肝脏中转化为磷酸吡哆醛参与代谢反应。饲料中的泛酸大多以辅酶A（CoA）的形式存在，在小肠中水解为游离泛酸才能被肠黏膜吸收。进入机体的泛酸再重新合成辅酶A参与体内代谢。

饲料中的生物素以游离和与蛋白质或赖氨酸结合两种形式存在。结合形式的生物素不被一些动物所利用。生物素的吸收通过载体依赖性的逆钠离子浓度梯度的主动转运方式进行。生物素的代谢产物主要通过肾脏随尿排出。饲料中的叶酸在肠道中水解成谷氨酸单体或二谷氨酸后，在小肠近端经主动转运吸收。叶酸的代谢产物主要经胆汁排泄。

饲料中的维生素B_{12}一般以与蛋白质结合形式存在，在胃中经胃蛋白酶作用释放出来。释放的维生素B_{12}在肠道中与胃黏膜壁细胞分泌的内因子结合，到达回肠黏膜刷状缘被吸收。饲料中摄入过多时，维生素B_{12}可在肝脏和肌肉中蓄积。维生素C又名抗坏血酸，家畜体内可以合成。饲料中的维生素C主要通过被动扩散的方式在家畜的回肠吸收。维生素C在体内的代谢终产物为CO_2和草酸，草酸主要通过肾脏随尿液排出体外。

二、维生素的生理作用

（一）脂溶性维生素的生理作用

脂溶性维生素一般不作为辅酶，但广泛参与体内的代谢过程，具有重要的营养生理功能。

维生素A保护正常视觉，参与细胞膜糖蛋白的糖基化反应，维持细胞膜和上皮组织的完整性。维生素A还维持成骨细胞与破骨细胞功能平衡，保持骨塑形良好，骨精细结构完好。维生素D与钙吸收和骨盐沉积有关，具有调节钙、磷代谢，促进肠道对钙、磷吸收，调节肾脏对钙、磷排泄，控制骨中钙磷贮存等营养功能。维生素E则作为抗氧化剂，与硒协同起抗氧化作用，清除过氧化物，保护细胞膜结构和功能的完整性。维生素E还具有调节性腺发育和性激素合成，增强机体免疫功能等。维生素K为血液正常凝固所必需，主要功能为调节并维持正常凝血过程，保证机体凝血功能正常。

（二）水溶性维生素的营养生理作用

B族维生素主要功能是作为辅酶的组成成分，参与机体代谢调节。维生素B_1（硫胺素）在体内的活性形式为焦磷酸硫胺素（TPP），以TPP的形式参与糖代谢过程α-酮酸的氧化脱羧反应。维生素B_2（核黄素）在体内的活性形式为黄素单核苷酸（FMN）和黄素腺嘌呤二核苷酸（FAD），FMN和FAD是氧化还原酶的辅酶，参与氢和电子的传递，广泛参与体内生物氧化与能量代谢过程，与碳水化合物、蛋白质、脂肪和核酸的代谢密切相关。

尼克酸在体内转化为尼克酰胺腺嘌呤二核苷酸（辅酶Ⅰ）和尼克酰胺腺嘌呤二核苷酸磷酸（辅酶Ⅱ）参与机体代谢。辅酶Ⅰ和辅酶Ⅱ是体内脱氢酶的辅酶，起递氢体的作用，因此，尼克酸在能量利用及脂肪、碳水化合物和蛋白质代谢方面都有重要作用。

维生素B_6与氨基酸代谢密切相关。维生素B_6在体内的活性形式为磷酸吡哆醛和磷酸吡哆胺。磷酸吡哆醛和磷酸吡哆胺是转氨酶的辅酶，磷酸吡哆醛也是氨基酸脱羧酶的辅酶，参与多巴胺、5-羟色胺和组胺等的合成。泛酸是两个重要辅酶即酰基载体蛋白质（ACP）和辅酶A的组成成分。酰基载体蛋白质（ACP）参与脂肪酸代谢。辅酶A是酰基转移酶的辅酶，在体内代谢中参与酰基的转移，广泛参与蛋白质、糖类和脂类的代谢过程。

动物体内生物素是羧化酶的辅酶，例如丙酮酸羧化酶、乙酰CoA羧化酶、β-甲基丁烯酰CoA羧化酶等。生物素还参与脂肪酸代谢，在长链脂肪酸的合成中具有重要作用。叶酸在一碳单位转移过程中必不可少，通过一碳单位的转移参与嘌呤、嘧啶、胆碱的合成和某些氨基酸的代谢，对于维持免疫系统的正常功能具有重要作用。

维生素B_{12}在体内主要以甲基钴胺素和5′-脱氧腺苷钴胺素两种辅酶形式参与体内代谢。甲基钴胺素是甲基四氢叶酸甲基转移酶的辅酶，参与叶酸的循环代谢和四氢叶酸的再生。维生素B_{12}缺乏，体内四氢叶酸含量减少，造成核酸合成障碍，产生贫血。5′-脱氧腺苷钴胺素是甲基丙二酸单酰CoA变位酶的辅酶，参与丙酸的代谢。

维生素C广泛参与体内生化反应，具有多种功能。维生素C作为一种还原剂，参与体内的氧化还原反应，具有保护细胞和抗衰老作用。维生素C是胶原蛋白脯氨酸羟化酶和赖氨酸羟化酶的辅酶，对维持胶原蛋白空间结构具有重要作用。维生素C不足，导致维生素C缺乏病。维生素C还是胆固醇羟化成胆汁酸的7-α-羟化酶的辅酶，可促进胆固醇转化为胆汁酸，降低血中胆固醇水平。另外，维生素C还具有增强机体抗病力和抗应激能力，提高机体免疫功能的作用。

第五节　矿物质代谢及其生理作用

必需矿物质元素是动物营养中的一大类无机营养素，是指动物体内存在并在生命过程中必不可少的一类矿物质元素。必需矿物元素必须由外界供给，当外界供给不足，不仅影响动物生长或生产，还会引起代谢异常，导致缺乏症。在缺乏某种矿物元素的饲料中补充该元素，相应的缺乏症会减轻或消失。按照在动物体内含量不同，必需矿物质元素分为常量矿物元素和微量矿物元素两大类。常量矿物元素指在动物体内含量高于0.01%的矿物元素，包括钙、磷、钾、钠、氯、镁和硫。微量矿物元素指在动物体内低于0.01%的元素，目前已查明的微量元素有铁、锌、铜、锰、碘、硒、钴、钼、氟、铬、硼等。铝、钒、镍、锡、砷、铅、锂、溴等元素在动物体内的含量非常低，在实际生产上基本不会出现缺乏症，但实验证明可能是动物必需的微量元素。

动物体不断地吸收、排出、沉积和分解矿物质元素是其在体内代谢的显著特征。矿物元素在动物生命活动中起着重要作用。有的参与体组织构成，如钙、磷和镁是骨和牙齿的主要成分，有的矿物元素参与维持内环境恒定，如钠、钾、氯等以电解质形式存在于体液中，维持渗透压和酸碱平衡。还有的矿物元素作为辅酶的组成成分或激活剂参与体内代谢。本节主要介绍必需矿物元素的吸收、代谢特点及其营养生理功能。

一、矿物质元素吸收与代谢

（一）常量矿物元素的吸收与代谢

钙、磷的主要吸收部位在十二指肠。钙吸收需要维生素D_3的参与。维生素D_3在肝脏和肾脏中经过羟化生成其活性形式 $[1, 25-(OH)_2-D_3]$，促进钙结合蛋白的生成。钙结合蛋白与钙结合形成复合物，经过主动转运方式吸收进入上皮细胞。磷主要以离子态被吸收，主要吸收方式为易化扩散。动物体内钙、磷代谢处于动态平衡中。钙的周转代谢量为吸收量的4~5倍，沉积量的8倍。钙、磷代谢主要受 激素的调节，参与调节的激素主要有甲状旁腺素、降钙素和维生素D_3的活性形式 $[1, 25-(OH)_2-D_3]$。钙、磷的排泄可通过粪和尿两个途径。不同种类动物经不同途径排泄的量不同，肉食动物磷主要经尿排泄，草食动物则主要经粪排出体外。

单胃动物对镁的吸收主要在小肠，反刍动物主要在前胃。镁主要通过两种方式被吸收：一是以简单的离子形式经简单扩散吸收，二是形成螯合物或与蛋白质形成络合物的形式经易化扩散吸收。不同种类动物对镁的吸收率不同，猪、禽对镁的吸收率可达60%，而奶牛仅5%~30%。动物年龄、镁存在形式、饲料拮抗物都是影响镁吸收率的重要因素。镁的代谢随着动物年龄不同而变化，生长中的动物贮存和动用镁的能力较成年动物强，可动员骨中80%的镁用于周转代谢。

钠、钾和氯都是一价离子，可经简单扩散吸收。钠还可通过葡萄糖和氨基酸的吸收而伴随吸收。钠、钾和氯的主要吸收部位是十二指肠，胃、后段小肠和结肠也能部分吸收。钠、钾和氯周转代谢快，动物每天从消化道吸收的钠、钾、氯中，内源部分为采食部分的数倍。钠、钾、氯大部分随尿排出，还可通过粪便、汗腺、奶和蛋排出。

硫的主要吸收部位在小肠。无机硫主要以易化扩散方式吸收，也可能以简单扩散吸收。有机硫如含硫氨基酸则通过主动方式吸收。单胃动物可吸收无机硫酸盐和有机含硫物质中的硫。反刍动物消化道中微生物能将一切外源硫转变成有机硫。因此反刍动物利用无机硫合成体蛋白，实质是微生物的作用。吸收进入体内的有机硫和无机硫分别参与各自代谢。体内的无机硫不能转变成含硫氨基酸，但可以利用无机硫合成黏多糖。硫主要通过粪便和尿两种途径排泄。由尿排泄的硫主要来自蛋白质分解形成的尾产物或经脱毒形成的含硫化合物。

（二）微量矿物元素的吸收与代谢

微量矿物元素铁的吸收部位主要在十二指肠，以与转铁蛋白结合的形式通过异化扩散吸收。铁吸收率很低，通常情况下只有5%～30%，但在缺铁情况下可以提高到40%～60%。动物的年龄、健康状况、体内铁贮、胃肠道环境、铁的形式和数量都影响铁的吸收。吸收进入体内的铁约60%在骨髓中合成血红蛋白。铁代谢速度较快，红细胞不断被破坏，释放的铁被骨髓再利用合成血红蛋白。铁主要通过粪便排泄，尿中可排出少量铁，蛋奶等动物产品中排出的铁随生产力的变化而变化。

反刍动物真胃和小肠对锌都有吸收，而单胃动物的吸收主要在小肠。各种动物锌吸收率30%～60%。锌吸收入血后与血浆清蛋白结合转运至组织器官利用。锌在肝脏中周转速度较快，而骨和神经系统中锌周转代谢较慢，毛发中最慢，基本不存在分解代谢。锌主要通过胰液、胆汁等消化液从粪中排泄。种用家畜、家禽可随精液排出大量锌，锌也可经动物产品排出。铜的主要吸收部位在小肠。当饲料中浓度高时，铜的吸收方式主要为简单扩散，而当饲料中浓度低时，主要为易化扩散。一般饲料铜的吸收率很低，仅5%～10%。铜吸收后与铜蓝蛋白、清蛋白和氨基酸等结合转运到组织器官。肝脏是铜代谢的主要器官，进入肝细胞的铜转移至含铜酶中发挥其营养生理作用。体内铜主要通过胆汁经粪便排泄，肾也可排泄少量内源铜。

锰的吸收主要在十二指肠。吸收的锰以游离形式或与蛋白质结合后转运至肝脏。肝锰与血锰保持动态平衡，动物动用体贮锰的能力很低。锰主要经胆汁和胰液从消化道排出，也可经肾排出。硒的主要吸收部位在十二指肠，小肠其他部位也可少量吸收。硒吸收率高于其他微量元素，但无机硒的利用率通常低于有机硒。吸收后的硒先形成硒化物，再转变成有机硒参加代谢。不同种类动物经不同途径排泄的硒不同，反刍动物经粪排出的硒高于非反刍动物。

反刍动物碘的吸收部位主要在瘤胃，单胃动物主要在小肠。血液中的碘离子易被甲状腺摄取，形成三碘甲状腺原氨酸（T_3）和四碘甲状腺原氨酸（T_4）。

甲状腺激素进入组织后80%被脱碘酶分解，释放出的碘被重新利用。动物体内有机碘周转代谢慢，无机碘周转代谢快。碘主要通过尿排出。反刍动物皱胃也排出碘，但进入肠道后一部分又被重新吸收。动物产品也可排出部分碘。动物不需要无机态的钴，只需以维生素B_{12}形式存在的有机态钴。钴的利用率低，反刍动物饲料中的钴通常只有3%被瘤胃微生物转化为维生素B_{12}，这其中仅约20%被吸收。体内钴主要通过肾脏经尿排出，也可经胆汁部分排泄。

动物对钼吸收率约为30%。钼的吸收受动物种类、年龄和钼来源影响。猪能迅速吸收饲料中钼，反刍动物能吸收饲草中的钼和水溶性的钼，犊牛则较慢。内源代谢后的钼经胆汁、肾脏和动物产品排出。动物对铬吸收率很低，0.4%~3%。六价铬易于吸收，而三价铬较难吸收。吸收的六价铬与血红蛋白结合转运，而三价铬与血浆球蛋白结合转运。血中铬周转代谢较快，吸收入血的铬数日即可排出。内源铬主要通过尿排泄，少量经胆汁排泄。

二、矿物质元素的生理作用

（一）常量矿物元素的生理功能

常量矿物元素在动物体内具有重要的生理作用，不仅可以作为动物体的结构物质，还具有调节功能，对于维持渗透压和酸碱平衡起重要作用。

钙是体内含量最高的矿物元素，参与骨骼和牙齿的组成，在动物体内起支持保护作用。钙能够控制神经传递物质的释放，从而影响神经的兴奋性。钙参与肌肉收缩。钙也是酶的活化因子，可激活多种酶的活性。此外，钙还具有自身营养调节功能，在饲料钙缺乏时，骨中的钙可大量动员进入血液满足机体需要。磷的生理功能体现在多个方面，首先，磷参与骨骼和牙齿的构成，维持骨骼和牙齿的结构完整。其次，磷是ATP和磷酸肌酸的组成成分，参与体内能量代谢。磷还以磷脂的形式参与细胞膜的组成，维持细胞膜结构和功能的完整性。另外，磷还是生命遗传物质DNA、RNA的组成成分，参与遗传信息传递和蛋白质合成。

镁的重要功能是参与骨骼和牙齿组成，同时也是多种酶（如激酶、磷酸酶、精氨酸酶、氧化酶和肽酶等）的活化因子或构成成分。此外镁还参与DNA、RNA和蛋白质合成，调节神经、肌肉的兴奋性。在动物体内，钠、钾和氯是体液中重要电解质成分，在维持渗透压、调节酸碱平衡和控制水代谢方面发挥着重要作用。钠、钾和氯也可作为酶的活化因子或为酶提供有利于发挥作用的环境。此外，钠对营养物质吸收和神经冲动传导起着重要作用。硫在动物体内主要参与一些蛋白质和糖类合成，对于维持这些蛋白质和糖的功能起着重要作用。

（二）微量矿物元素的生理功能

微量矿物元素种类繁多，功能各异。大多数微量矿物元素主要作为酶或其他功能蛋白的组成成分或辅助因子，参与代谢过程。

铁是动物体内重要的微量元素。铁参与载体蛋白的构成，如血红蛋白、肌红蛋和转铁蛋白等，在体内物质运输中起重要作用。铁也是多种酶的活化因子，例如过氧化物酶、过氧化氢酶、细胞色素氧化酶和黄嘌呤氧化酶，在体内代谢中起重要作用。另外，铁还是体内重要氧化还原反应的电子传递体，并在机体生理防御中起重要作用。锌作为必需微量元素主要参与体内多种酶的构成或作为其活性因子，体内含锌酶有200多种，这些酶在体内代谢中发挥着重要作用。锌参与胱氨酸和黏多糖代谢，维持上皮细胞和皮毛的正常形态和功能。锌对胰岛素分子有保护作用，维持胰岛素的正常功能。铜参与体内多种酶的组成，并具有促进血红蛋白合成和红细胞成熟的作用，缺乏时可导致非缺铁性贫血。锰主要作为酶的活化因子或组成成分参与体内代谢，如锰超氧化物歧化酶、丙酮酸羧化酶、糖基转移酶等，并具有保护细胞膜完整性和保证骨骼发育功能。

硒最重要的生理功能是作为谷胱甘肽过氧化物酶的组成成分，减少过氧化物对细胞膜的损伤，保护细胞膜结构完整和功能正常。硒维持胰腺的正常功能，禽类缺硒可引起胰腺变性、坏死，甚至纤维化。硒还参与Ⅰ型甲腺原氨酸脱碘酶的组成，促进四碘甲腺原氨酸（T_4）转化为三碘甲腺原氨酸（T_3）。硒可保证肠道脂肪酶活性，促进脂类及其脂溶性物质的消化吸收。碘最主要功能是作为甲状腺激素的合成原料，促进物质和能量代谢，并促进动物的生长发育。钴的营养作用是合成维生素B_{12}。反刍动物维生素B_{12}参与丙酸的代谢。单胃动物钴不能代替维生素B_{12}，其必需性尚未证实。

钼的主要营养生化作用是作为脱氢酶、醛氧化酶、亚硫酸盐氧化酶和黄嘌呤氧化酶的组成成分，参加体内代谢反应。鸟类氮代谢形成尿酸需要大量黄嘌呤氧化酶。钼还具有刺激羔羊瘤胃微生物活动，促进微生物消化的作用。铬与谷氨酸、胱氨酸、甘氨酸、尼克酸形成葡萄糖耐受因子，具有类似胰岛素的生物学功能，对调节碳水化合物、蛋白质和脂肪三大物质的代谢具有重要作用。

第六节　激素代谢及其生理作用

经典理论认为，激素（hormone）是指由内分泌腺或散在的内分泌细胞分泌的，以体液为媒介，在细胞间传递调节信息的高效生物活性物质。激素可因内分泌细胞受到特定刺激而分泌，作为细胞通讯过程的传讯分子，它可改变其所作用的特定目标（靶器官、靶组织和靶细胞）的功能活动状态，实现内分泌系统对机体功能的调节。至今已发现200多种激素和激素样的物质。激素随着血液和组织液传递到靶细胞、靶组织和靶器官，调节机体内的各种生理功能和新陈代谢，维持内环境的相对稳定。

一、激素的合成和分泌

激素是多种化合物组成的一类细胞通讯信号分子。激素来源复杂，种类众多，分子形式多样。目前多根据激素分子的分组化学结构将其分为多肽/蛋白质类、胺类以及脂质激素三大类（表2-6-1）。

肽类/蛋白质激素的分子从最小的三肽到最多约200个氨基酸残基构成的多肽链，种类繁多，来源广泛。这类激素的合成与一般蛋白质的合成过程相似，即先在细胞核内将DNA中的遗传信息转录到mRNA，然后在细胞质中通过mRNA的翻译并合成多肽激素链。通常先合成的是比激素相对分子质量大的前体物质，即前激素原（pre-prohormone），前激素原进入胞质的内质网经裂解脱去肽段为激素原（prohormone），最后经高尔基体复合体包装和降解形成有活性的激素。一般情况下，多肽激素合成后，肽链缩短，分子变小，经过加工包装，储存于微囊泡中，形成浓缩的激素颗粒。在细胞内分泌颗粒（囊泡）中以前激素原、激素原和激素多种形式进行贮存，在机体需要时再以出胞的方式进行释放。下丘脑、垂

表2-6-1　动物激素的主要来源与化学性质

主要来源	激素名称	英文缩写	化学性质
下丘脑	促甲状腺激素释放激素（thyrotropin-releasing hormone）	THR	肽类
	促性腺激素释放激素（gonadotropin-releasing hormone）	GnRH	肽类
	生长激素抑制激素（生长抑素）［growth hormone-inhibiting hormone（somatostatin）］	CHIH（SS）	肽类
	生长激素释放激素（growth hormone-releasing hormone）	CHRH	肽类
	促肾上腺皮质激素释放激素（corticotropin releasing hormone）	CHR	肽类
	促黑（素细胞）激素释放因子（melanocyte-simulating hormone releasing factor）	MRF	肽类
	促黑（素细胞）激素抑制因子（melanocyte-stimulating hormone releasing factor）	MIF	肽类
	催乳素释放因子（prolactin-releasing factor）	PRF	肽类
	催乳素抑制因子（prolactin-inhibiting factor）	PIF	胺类
	血管升压素（抗利尿激素）［vasopressin（antidiuretic-hormone）］	VP（ADH）	肽类
	催产素（缩宫素）（oxytocin）	OT	肽类
腺垂体	生长激素（growth hormone，somatotropin）	GH	肽类
	催乳素（prolactin）	PRL	肽类
	促甲状腺激素（thyrotropin）	TSH	蛋白质类
	促肾上腺皮质激素（adrenocorticotropic hormone）	ACTH	蛋白质类
	促卵泡激素（配子生成素）［follicle stimulating hormone（gametogenous hormone）］	FSH	蛋白质类
	黄体生成素（间质细胞刺激素）［luteinizing hormone（interstitial cell stimulating hormone）］	LH（ICSH）	蛋白质类
	促黑（素细胞）激素（melanocyte stimulating hormone）	MSH	十三肽
松果体	褪黑素（melatonin）	MLT	胺类
甲状腺	甲状腺素（四碘甲腺原氨酸）（thyroxine）	T_4	胺类
	三碘甲腺原氨酸（triiodothyronine）	T_3	胺类
	降钙素（calcitonin）	CT	肽类

主要来源	激素名称	英文缩写	化学性质
甲状旁腺	甲状旁腺激素（parathyoid hormone）	PTH	肽类
胸腺	胸腺素（thymosin）		肽类
胰岛	胰岛素（insulin）		蛋白质类
	胰高血糖素（glucagon）		肽类
	胰多肽（pancreatic polypeptide）	PP	肽类
肾上腺皮质	糖皮质激素（如皮质醇）（glucocorticoid）		类固醇类
	盐皮质激素（如醛固酮）（mineralocorticoid）		类固醇类
肾上腺髓质	肾上腺素（adrenalin，epinephrine）	Ad，E	胺类
	去甲肾上腺素（noradrenaline，norepinephrine）	NA，NE	胺类
睾丸	睾酮（testosterone）	T	固醇类
	抑制素（inhibin）		蛋白质类
卵巢	雌二醇（estradiol）	E_2	类固醇类
	孕酮（progesterone，又称黄体酮）	P	类固醇类
	松弛素（relaxin）		肽类
胎盘	绒毛膜促性腺激素（chorionic gonadotropin）	CG	肽类
心房	心房钠尿肽（atrial natriuretic peptide）	ANP	肽类
肝	胰岛素样生长因子（insulin-like growth factor）	IGF_S	肽类
消化管	胃泌素（gastrin）		肽类
	胆囊收缩素（cholecystokinin）	CCK	肽类
	促胰液素（secretin）		肽类
多种组织	前列腺素（prostaglandin）	PG_S	廿烷酸类

体、甲状旁腺、胰岛、胃肠道等部位分泌的激素大多为此类激素。

胺类激素和脂类激素分别以氨基酸和脂质为原料，依靠细胞质或分泌小泡中的各种专门的酶，经过一系列酶促反应过程而生成。胺类激素多以氨基酸为原料修饰合成。儿茶酚胺类激素以酪氨酸为原料合成，主要为肾上腺素和去甲肾上腺素；甲状腺素是由甲状腺球蛋白裂解产生的含碘酪氨酸缩合物；褪黑素以色氨酸作为原料合成。儿茶酚胺类激素在分泌前通常贮存在细胞质中的分泌颗粒中，只有机体需要时才进行释放。同为胺类的甲状腺素为亲脂性激素，以甲状腺胶质的形式大量贮备在细胞外的滤泡腔中，当甲状腺受到促甲状腺激素刺激时，滤泡细胞将甲状腺球蛋白胶质小滴通过胞饮，摄入滤泡细胞最终将其水解为有活性的T_3和T_4，并迅速进入血液循环。

脂类激素中类固醇激素主要由肾上腺皮质和性腺分泌，其合成前体均为胆固醇，因为分子中都含有环戊烷多氢菲结构，又称为甾类激素。胆固醇在侧链裂解酶（P450scc）的作用下先转变为孕烯醇酮，然后分别在脱氢酶、羟化酶等酶的作用下转变为各种类固醇激素。固醇激素主要由皮肤、肝脏和肾脏等器官联合作用形成的胆固醇衍生物，脂肪酸衍生物是主要由花生四烯酸的衍生物，包括前列腺素、血栓素类和白细胞三烯类等。这类激素为小分子非极性物质，脂溶性强，可直接穿透细胞膜进行释放。类固醇激素在合成后是按照细胞膜内外激素浓度梯度而弥散进入血液或体液中，呈现边合成、边释放状态，在细胞内很少贮存，分泌率与合成速度相当。

二、激素的转运

激素在内分泌细胞合成及分泌后，经血液循环或体液扩散到靶器官或靶细胞的过程，称为激素的转运。激素运输的途径长短不一，有的路程很长、如腺垂体-肾上腺皮质轴之间激素的转运；有的很短，如胰岛 α 细胞旁分泌胰高血糖素至临近的胰岛 β 细胞。激素转运的方式也多种多样，如肽类和胺类等水溶性激素能直接溶于血浆，不需要特殊的运载机制，以游离状态随血液循环进行运输；而脂溶性激素和甲状腺激素在血浆中的溶解度较低，需要非特异性或特异性血浆蛋白作为运输载体，通过与其结合才能运输，只有少量呈游离状态。游离态激素与结合态激素之间可以相互转变，并保持动态平衡。在大部分情况下，虽然游离态激素比例很低，但只有这些游离态激素才能通过毛细血管壁进入靶细胞，发挥其生理作用及反馈调控作用。因此，就生理意义而言，激素游离态浓度比结合态更为重要。

三、激素的代谢

激素从释放出来到失活并降解的过程，称为激素的代谢。激素代谢的速度通常以半衰期（half-life period），即激素的浓度或活性在血液中减少一半所需要的时间表示。由于种类繁多，各种激素在血液中的半衰期差异较大。激素代谢时间一般只有几分钟至几十分钟，最短的（如前列腺素）甚至不到1min，较长的如类固醇激素也不过数天。

为了维持激素的经常性调控作用，各种内分泌细胞都经常处于活动状态，以维持激素在血液中的基础浓度相对稳定，并随着机体内环境的改变而不断调整激素的分泌速率。

机体清除激素及其代谢产物的方式为大部分激素在靶器官组织发挥作用后降解代谢，也可在肝、肾等组织被降解、破坏，随胆汁经粪便或尿液排出体外；极少量激素也可不经降解，直接随尿液、乳汁等排出。多肽激素被靶细胞摄取后，由蛋白酶及肽酶降解为氨基酸或短肽进入血液循环。甲状腺激素主要在肝脏中脱碘、脱氨及氧化脱羧，部分T_4是作为激素原在周围组织转变为活性更强的T_3。T_4和T_3由胆汁排泄后经肠肝循环吸收入血。儿茶酚胺主要在血或肝内经O-甲基化，或在神经末梢氧化脱氨，以游离或葡萄糖醛酸及硫酸化合物结合，由尿排出。脂溶性类固醇激素大部分在肝中还原、羟化及葡萄糖醛酸或硫酸结合，形成的葡萄糖醛酸苷及硫酸酯由肾脏排泄，小部分与胆汁结合后进入肠腔水解，再被吸收到循环中。

四、激素的生理作用

激素对机体生理功能的调节作用大致包括以下几方面。

（1）维持机体内环境的稳态　激素参与调节机体的水盐代谢，以维持渗透压平衡和酸碱平衡；在高等动物中，激素参与机体的体温调节，维持体温恒定。激素参与心血管活动和肾脏活动的调节，维持机体血压的稳定；激素是应激反应的主要调节者，使机体适应外部环境的变化，以维持内环境的相对稳定。

（2）调节新陈代谢　激素在调节机体物质代谢的同时，还调节机体的能量代谢，以维持机体营养和能量的平衡，为机体的各种生命活动提供保障。

（3）维持生长和发育　激素可促进机体组织细胞的生长、增殖、分化和成熟，参与细胞凋亡过程的调节，维持各器官的正常生长发育和功能活动。

（4）调控生殖过程　激素可促进机体生殖器官的发育和成熟以及各种生殖

活动，促进生殖细胞的生成，调节生殖细胞生成直至妊娠和哺乳过程，维持个体生命绵延和种系繁衍。

此外，内分泌系统分泌的激素还与神经系统、免疫系统相互联系、相互协调，构成神经-内分泌-免疫网络（neuro-endocrine-immune network），共同完成机体功能的整合，以维持内环境的相对稳定。

第三章 营养代谢性疾病

第一节 营养性衰竭

营养衰竭症（dietetic exhaustion）是由于饲料缺乏、营养物质摄入不足，或由于某种原因使机体能量消耗过多，最终导致的一种以慢性进行性消瘦为临床特征的营养不良综合征，又称"瘦弱病""低温病"。各种动物均可发生，常见有猪蛋白质和氨基酸缺乏症、鸡营养性衰竭和马牛营养性衰竭症，其共同特征是消瘦，体温下降，各器官功能低下，如反射迟钝、胃肠蠕动减弱、脉搏少而无力。本症一年四季都可发生，在饲料短缺的冬春季节发病率最高，近年来本病已几乎消失。

一、病因

主要是由于机体营养供给与消耗之间呈现负平衡而造成的，下列因素均可引起动物发病：①饲草料品质不良（如饲料粗、老、干、硬，甚至霉烂变质）或营养物质供给不足是诱发本病的主因，如缺乏青绿饲料、地区性缺钴或缺锌，可引起动物体内微生物区系发育紊乱和食欲下降，维生素B_{12}合成不足，导致消瘦和贫血；②老龄家畜由于牙齿疾病、消化功能减退或吸收不良而引起营养吸收减少；③役用家畜由于过度劳累引起体力（能量）消耗增加；④母畜由于快速重配、双胎及多胎妊娠、过度泌乳，公畜采精、配种过度均可引起营养消耗的增加；⑤某些传染病（如马传染性贫血、牛结核病、副结核病等）、寄生虫病（如肝片吸虫病、血吸虫病、锥虫病等）、慢性消耗性疾病（如子宫炎、慢性胃肠炎、肝脓肿等）以及肿瘤等引起营养吸收减少和/或消耗增加。

二、发病机制

营养性衰竭症的发生比较复杂，涉及糖、脂肪、蛋白质、维生素和矿物质、微量元素各方面的代谢紊乱。在上述致病因素的作用下，机体得到的营养物质不能满足生命活动和生产性能（妊娠、泌乳、配种、劳役）及生长发育的需要，因此不得不动员体内贮备的营养物质（依次动员糖原、脂肪和蛋白质）。当这种动用达到一定程度时，就可使组织器官的结构、形态及其生理功能受到严重的损害，与生命活动有关的一些重要的激素和酶因蛋白质缺乏也使其合成受阻。同时，由于消化功能逐渐减退，能摄取到的有限营养物质也得不到充分的消化吸收，致使机体营养得不到及时补充，进一步加重了营养缺乏，最终导致机体营养衰竭。

三、临床症状

进行性消瘦是本病的主要特征。随病程的延续，病畜出现精神沉郁，骨骼显露，肋骨可数，眼球内陷，乏困无力，行动迟缓，步态蹒跚，起立艰难甚至卧地不起；皮肤干燥多屑、弹性下降、被毛粗乱、无光泽、换毛迟滞；黏膜呈淡红、苍白或灰暗等不同变化，有时呈黄染。体温大多在37℃以下，饮欲、食欲、反刍、排粪、排尿、瘤胃蠕动始终维持，但后期食欲显著减少，咀嚼无力。病程后期发生心肌营养不良和右心衰竭，运动时呼吸增数伴有气喘和四肢水肿，心音减弱、混浊或分裂。生化检测提示血糖减少（低血糖症），蛋白降低（低蛋白血症），血液总氮、胆固醇、氯化物均减少，碱贮降低，红、白细胞及血红蛋白也相应减少。在此基础上可出现维生素、矿物质的缺乏及其代谢障碍，并有异食性。

按衰竭症的经过及其严重程度，大致可分为早期、中期和后期3个阶段。

早期阶段的特征为逐渐消瘦，精神欠佳，易于疲劳和出汗，但食欲尚好或增高，有消化道病因者则呈一般消化不良的症状，被毛粗糙，皮肤弹性降低，有轻微的贫血，体重减少15%～20%，但奶畜的产奶量不一定降低。

中期阶段，全身衰弱，乏困无力，步态不稳，卧多立少，皮肤干燥、脱屑，被毛松乱无光；胃肠功能减弱呈慢性胃肠弛缓，排粪努责姿势，粪便干燥；当肠道内容物腐败分解时，则表现为腹泻或便秘、腹泻交替出现，心跳、呼吸逐渐徐缓，反射逐渐降低。奶畜的产奶量下降，由于体脂的大量动用及氧化不全致血、尿、奶里酮体升高，呈隐性酮病的有关症状，血，体重减少20%～30%。

后期阶段，患畜极度衰弱，长期卧地，不能起立，食欲减低或吃后不能消化，粪便呈黑水样且恶臭，内有未消化的饲料颗粒和草节，胃肠蠕动极弱，蠕动音消失，体温降到36℃左右，体重减少30%～40%，最终水草不进，昏睡而死。

四、病理变化

尸体外观极端消瘦，久卧的病畜其躯体突出部常因受压而有褥疮或擦伤。剖检变化为肌肉和实质器官萎缩；黏膜、腹膜水肿，呈胶样浸润；皮下、腹膜下及网膜的脂肪耗竭；瘤胃、盲肠缩小，肝脏肿大并呈脂肪变性，心肌变薄、梗死，严重者出现如煮肉状条纹，冠状沟脂肪消失。组织学检查可见肝实质细胞萎缩、变性、坏死、出血等。

五、病程及预后

本病呈慢性经过，病程可长达数月甚至数年之久。主要取决于饥饿和利用的程度、有无继发病以及防治措施是否恰当及时等。

一经诊断，宜及早诊治。在早、中期阶段，只要能针对病因及时采取食饵疗法、并配合药物治疗通常可以治愈，生产性能也能恢复。但在后期阶段，如发展到卧地不起，褥疮生成者，由于组织结构和功能已发生不可逆的病理变化，因而难于治愈，即使采取一些措施可以维持和延长生命，但已失去其经济价值。

六、诊断

依据极度消瘦，并有久卧不起、体温下降、各器官功能低下等特征性症状及饲养管理情况不难做出诊断。但应注意对原发性病因进行诊断，如慢性传染病、寄生虫病等。

七、防治

（一）预防

首先，加强饲养管理，特别是全价营养是预防本病的基础，秋冬季节注意复膘和保膘。其次，合理劳役，在重役期合理补充高能日粮，并注意劳逸结合。最后，定期驱虫，及时治疗原发病。

（二）治疗

本病治疗原则是维护水和电解质平衡，增加血容量，改善血浆内胶体渗透压，补充能量，促进机体同化作用，加强营养，改善管理。早期应从改善饲养管理、增加营养着手，同时应停止劳役，减少或停止挤乳或配种等工作，同时注意治疗原发病。病程稍晚的病例，单靠药物治疗收效不大。

轻型病例经补糖、补钙和强心后，体况大多改善。中重型病例首先用0.9%氯化钠注射液和5%葡萄糖注射液纠正水与电解质的不平衡。随后用10%～25%葡萄糖、维生素C、配合氯化钙5～10g慢速静脉注射。必要时可肌肉注射三磷酸腺苷150～200mg，以促进糖的利用；给予右旋糖酐2000～3000mL、复方氨基酸1000mL静脉注射。待体质稳定后，可考虑用苯丙酸诺龙80～120mg或丙酸睾酮150～250mg小量多次肌肉注射，间隔3～5d/次，促进同化作用。严重贫血的，可用输血疗法。注意加强护理，减少散热，体表盖以棉絮，注意厩舍保温，给予青绿、多汁、易消化的饲草料。病畜不能起立时应勤翻身，并垫以厚干草，或用吊器辅助站立；如能站立，则需人工辅助步行，活动筋骨，促进肢端以至全身血液循环。此外，对继发引起的衰竭症，应针对原发性病因治疗，如驱虫、抗炎治疗等。

第二节　低血糖症

低血糖症（hypoglycaemia）是动物体内储备的糖原耗竭而引起血液中葡萄糖

含量低于正常的一种营养代谢病。常见于仔猪和母/幼犬，其他动物在某些疾病过程中，也可出现低血糖症。由于新生仔猪肝糖原贮备少，且肝脏糖异生功能尚未建立，当饥饿时间过长或糖来源缺乏时导致血糖显著降低，血液非蛋白氮含量明显增多，临床上表现为全身绵软、虚弱、迟钝、惊厥、昏迷等症状，最后死亡。本病是1周龄内新生仔猪死亡的主要原因之一，常导致部分或全窝仔猪死亡，给养猪业带来巨大的损失。

一、病因

（一）仔猪

仔猪低糖血症，又称乳猪病或憔悴猪病，仔猪出生后吮乳不足是发病的主要原因。引起仔猪吮乳不足的因素有三方面：第一，仔猪因素。由于母猪子宫内感染而引起仔猪患有先天性疾病，或者因妊娠母猪营养不全导致胚胎发育不良，新生仔猪衰弱不能吮乳，如患有严重的外翻腿（八字腿）、肌痉挛、脑积水。第二，哺乳母猪因素。妊娠母猪营养状态差，产后泌乳不足或不能泌乳；母猪患有任何一种导致产奶量减少或不能产奶的疾病，例如母猪子宫炎-乳腺炎-无乳症综合征（MMA）导致母猪根本不能泌乳；还可因痘病或其他母猪产后疾病、麦角中毒等引起无乳症或奶头坏死。第三，管理因素。产仔栏的下横档位置不适当，致使仔猪不能接近母猪乳房；窝猪头数比母猪奶头数多，在小猪固定奶头后，其他仔猪始终吃不到奶；同窝个体相差较大，弱者吃不上奶；两次喂奶时间间隔过长，从而造成不同程度的饥饿。

仔猪胰岛素分泌过多、肝糖原贮藏不足，同种免疫性溶血性贫血、消化不良等是本病发生的次要原因。环境寒冷或空气湿度过高使新生仔猪机体受寒是其易患本病的诱因。新生仔猪缺乏皮下脂肪，如果猪舍潮湿阴冷，其体热很容易丧失，维持体温需要迅速利用血中的葡萄糖和糖原储备，如果此时乳汁摄入不足，即可发生低血糖症，并可降低机体的防御力和适应性，甚至引起死亡。羔羊、犊牛、马驹在出生时糖异生功能发育较完善，耐饥饿能力较强，而仔猪在出生后第1周内不能进行糖异生作用，这可能是仔猪容易发生低糖血症的原因。

（二）犬

3月龄前的幼犬多发生一过性低血糖症，多因受凉、饥饿或胃肠功能紊乱而引起。母犬低血糖症多因产仔过多，以致营养需求增加及分娩后大量泌乳所致。

（三）其他动物

各种原因引起的肝脏疾病（如肝硬变、肝炎、中毒性肝营养不良），使肝糖原合成和糖异生减少，致使血糖降低；肾脏疾病使肾小管上皮对葡萄糖的再吸收功能障碍，导致血糖大量流失（糖尿）；同时糖的消耗增多（过度劳役或高热）和摄取量不足（饥饿）等情况，均可引起低血糖症；某些营养代谢病（如乳牛生产瘫痪、酮病和绵羊妊娠毒血症）也可产生低血糖症。此外，本病尚见于中枢神经系统病变，这可能与肾上腺皮质和垂体功能降低等神经-内分泌功能紊乱不能调节血糖，或胰岛素分泌过多或抗胰岛素的激素分泌不足致使糖的氧化加速等因素有关。

二、临床症状

（一）仔猪

多在出生后2d内发病，也有在3~4d，甚至1周后发病。病初表现为不安、发抖，被毛逆立，尖叫，不吮乳，怕冷，喜钻在母猪腹下或互相挤钻。继则离群独卧，四肢绵软无力，大多数卧地后呈现阵发性神经症状，头向后仰，四肢做游泳状划动；有时四肢伸直，出现微弱的怪叫声；也有四肢向外叉开伏卧在地或如蛤蟆状俯卧地上，完全瘫软。病至后期，仔猪出现惊厥，伴有空口咀嚼，流涎角弓反张，眼球震颤，直到昏迷和死亡。体温多在正常的低限或降低，有的可低到36℃左右，个别病例也有体温升高的现象。血液检查，血钙、磷、酮体正常，血糖显著降低，非蛋白氮升高。

（二）犬

幼犬病初精神沉郁，步态不稳，颜面肌肉抽搐，全身阵发性痉挛，很快陷入昏迷状态。母狗发生低血糖时表现为肌肉痉，步态强拘，全身强直性或间歇性痉挛，体温升高达41~42℃，呼吸急促，心跳加快，尿酮体呈阳性反应

（三）其他动物

多表现为初期心动过速，兴奋不安或软弱无力，继而出现肌肉震颤和痉挛，感觉丧失，最后可昏迷和死亡。羔羊多在生后5d内发生低血糖症，病初精神沉郁，不愿走动或行走缓慢，体躯摇晃，容易跌倒，很快卧地不起。病羔叫声沙哑而微弱，耳、鼻和四肢发凉，体温多在36℃以下。严重的病例常出现阵发性痉挛，角弓反张，四肢乱蹬，最后昏迷死亡。整个病程很短，快的于2~3h内，慢的多不超过1d即转归死亡。

三、病理变化

以仔猪为例。剖检可见腭凹，颈下和胸、腹部常有不同程度的水肿（有的病猪生前即可出现），严重时可连成一片，厚度可达1~2cm，水肿液透明无色，血液凝固不良。肝脏呈橘黄色，边缘锐利；若肝内血量多时则黄中带红；切开肝脏血液流出后呈淡黄色，质地极柔软；肝小叶分界不明。胆囊常膨大，内充满半透明胆汁。肾色淡呈土黄色，常有小出血点，髓质暗红，与皮质分界清楚。膀胱黏膜和心外膜也有少量出血点。脾脏呈樱桃红色，边缘锐利；有的脾干瘪，切面平整，切开不见有血液流出。胃内常有积气，可伴有数量不等的凝乳块。

四、发病机制

以仔猪为例。新生仔猪（特别是1~5日龄的仔猪）糖异生作用不全、不耐饥饿，如给其注射促肾上腺皮质激素或糖皮质激素，其血糖不会升高。因为新生仔猪体内糖的来源主要靠母乳中的乳糖。当母体缺乳、无乳或乳的品质不良时，使仔猪吃不饱或出生后饥饿时间过长，都会使糖的供给不足而使其发病。但随着日龄的增长，仔猪糖异生作用逐渐完善，10日龄时就可耐受相当长时间的饥饿而不致出现低血糖。仔猪饥饿所致血糖来源不足以及糖异生作用不全，不能由体内的蛋白质、脂肪的分解来进行糖的异生，从而导致低血糖难以得到补救和缓解，严重时可低到0.166~0.333mmol/L（同日龄健康仔猪平均血糖水平为6.272mmol/L）。

低血糖可导致全身组织能量缺乏，特别是血糖低到1.1mmol/L，可使中枢神经系统功能发生障碍而导致昏迷，全身绵软；低到0.377mmol/L时，很快引起死亡。低血糖和能量缺乏可引起蛋白质分解供能，使组织器官的结构和功能障碍，血液非蛋白氮（主要为尿素氮和尿酸氮）含量升高，高血氮可导致中枢神经系统功能的紊乱，加速死亡。

五、诊断

一般根据妊娠母畜饲养管理不良，产后无乳、少乳或乳汁过稀，发病后的临床症状，剖解变化以及患畜对葡萄糖治疗的反应即可做出诊断。

六、病程及预后

由于发病快而急，若能及时采用药物治疗和保温，治愈的希望很大。本病的死亡率很高，甚至高达100%，发病后若不及时抢救，大多数在几小时内死亡，也有拖延1~2d昏睡而死的。

诊断及鉴别诊断：主要根据病畜饥饿的病史，血糖浓度明显下降，体温降低，突然发生昏迷、绵软的临床症状及腹腔注射葡萄糖疗效显著等可作诊断。

由于本病的神经症状明显，如不测定血糖水平，常易误诊为神经系统疾病。细菌性脑膜脑炎、病毒性脑者炎和伪狂犬病等可与本病有相同的神经症状，但这些疾病的发生不限于1周龄以内的仔畜，而且尸体剖检有特征性的病理改变。最好的鉴别方法是测定血糖水平和应用葡萄糖作治疗性诊断。

七、防治

（一）预防

以仔猪为例。第一，应加强对妊娠母猪的饲养管理，要特别注意全价饲养，以保证母体在妊娠期供给胎儿足够的营养，且生后能有量多质优的乳汁。第二，新生仔猪喂奶要早，间隔时间不能过长。第三，对生后体弱及母乳差的仔猪和已发现有低血糖症迹象的同窝或同群仔猪，应给内服葡萄糖水或白糖水，必要时可行人工哺乳。最后，冬天要注意猪舍保温，有条件者可用红外线灯照射，使圈舍温度维持在27～35℃。

（二）治疗

通常采取病因疗法，应尽快及时补糖治疗，同时改善饲养管理，加强护理。

1. 仔猪

轻症可灌服（饮）5%葡萄糖水，10～25g/d；重症可腹腔注射10%～25%葡萄糖液20mL，每日3～4次，连用2～3d，直至症状缓解并能自行吮乳为止。与此同时，还应进行保温，特别是冬春气温低时更应如此，否则疗效不佳。消化不良时，可内服胃蛋白酶、胰酶、淀粉酶各等份，日剂量每头1.5g。

2. 犬

幼犬静脉注射10%葡萄糖溶液，剂量为2～5mL/kg，亦可配合注射醋酸泼尼松0.2mL/kg；母犬静脉滴注20%葡萄糖溶液1.5mL/kg，或10%葡萄糖溶液2.4mL/kg，加等量林格氏液静脉注射2～3次/d。

3. 其他动物

采取治疗原发病、补糖及综合治疗等措施。

第三节　脂肪肝

动物脂肪肝（fatty liver syndrome）常发病于蛋鸡、牛、犬猫等动物中。大量研究资料显示，遗传、营养、管理、环境、激素、有毒物质等原因均可导致脂肪肝症的发生。发病机制和脂肪代谢有关，通常认为是肝细胞脂肪合成增加和氧化减少所致。

一、家禽脂肪肝综合征

家禽脂肪肝综合征（fatty liver syndrome of poultry），又称脂肪肝出血综合征，是由高能低蛋白日粮引起的以肝脏发生脂肪变性为特征的家禽营养代谢性疾病。临床上以病禽个体肥胖，产蛋减少，个别病禽因肝功能障碍或肝破裂、出血而死亡为特征。该病主要发生于蛋鸡，特别是笼养蛋鸡的产蛋高峰期，但平养的肉用型种鸡也有发生。

该病于1953年前后在美国发生，1956年德克萨斯农工大学的Couc首次报道为脂肪肝综合征（fatty liver syndrome, FLS）。由于该病经常伴有肝出血，在1972年由Wolford等将其改名为脂肪肝出血综合征（fatty liver hemorrhagic syndrome, FLHS）。随着养禽业的发展，在我国浙江、甘肃、安徽、河南、福建、青海、陕西、江苏等省陆续有鸡鸭发病的报道。据不完全统计，发病鸡群产蛋率比正常低20% ~ 30%，但死亡率仅为2%左右。

（一）病因

家禽FLS的发生与许多因素有关，主要包括遗传、饲养管理、环境因素以及有毒物质损害等。

1. 遗传因素

实验证明，不同品种的家禽对FLS的敏感性不同，蛋鸡比肉用鸡具有更高的发病率，因为高产常常伴随着高水平雌激素代谢，可刺激肝脏脂肪的合成。所以通过育种（基因选择）所得的高产品质的蛋鸡比一般品质的蛋鸡更易发生FLS。有学者认为，遗传因素对FLS的发生有重要作用，某些品系的鸡较易发生FLS，Carlich对随机取样的试验鸡群进行肝脂肪含量的分析发现，在同种饲料和同种饲养管理条件下，由于鸡的品种、品系不同，肝脂肪含量也有很大的差异。

2. 饲料因素

多数人认为饲料因素是导致发病的主要因素之一，主要包括以下几方面。

（1）高能低蛋白日粮及其采食量过大是发生本病的主要饲料因素。高能低蛋白日粮引起脂肪肝有两种可能。一方面，高能的碳水化合物会加速乙酰辅酶A向脂肪转化；另一方面也可能是由于低蛋白引起产蛋减少，使运往卵巢的脂肪减少，但合成脂肪的速度却不变，从而导致脂肪堆积引起脂肪肝。同样采食量过大，过剩的能量转化为脂肪从而导致脂肪肝的发生。有研究表明，过度采食的母鸡有33%会发生FLS。

（2）高蛋白低能饲料造成脂肪的蓄积。其原因可能是饲粮中蛋白质能量比值大，相应的能量就偏小，一部分蛋白质及氨基酸脱酰氨生成葡萄糖作为能源，从而脱氨后大量氮在肝内合成尿酸，增加了肝的代谢负担，以致诱发FLS的发生。

（3）胆碱、含硫氨基酸、B族维生素和维生素E缺乏。磷脂酰胆碱是合成脂蛋白的必需原料之一，而合成磷脂需要脂肪酸和胆碱。胆碱可来自饲料或由甲硫氨基酸、丝氨酸等体内合成，而维生素B_{12}、叶酸、生物素、维生素C和维生素E都可参加这个过程。因而当这些物质缺乏时，肝内脂蛋白的合成和运输就发生障碍，大量的脂肪就会在肝脏沉积。

（4）饲料保存不当发霉变质，各种霉菌及其毒素，特别是黄曲霉毒素最易使肝受损而致肝功能障碍和脂蛋白的合成减少，从而导致肝代谢障碍和脂肪的沉积，严重时可引起肝出血。此外，镰刀菌的T_2毒素，也是FLS的病因之一。

3. 药物和毒物的损伤

某些药物和化学毒物均可引起脂肪肝，其发病机制大多是抑制肝内蛋白的合成或降低肝内脂肪的氧化率，使肝内脂蛋白合成减少，甘油三酯增加，形成脂肪肝，如四环素、环己烷、蓖麻碱、砷、铅、银和汞等，均可通过抑制蛋白质的合成而导致脂肪肝。

4. 管理因素

运动不足可促进脂肪的沉积而发生FLS。如母鸡笼养要比平养易发生FLS，这是由于笼养母鸡活动受到限制，能量消耗减少，使自由采食过多的能量转化为脂肪而在肝脏沉积。

5. 环境因素与激素的影响

各种应激刺激如高温、突然停电、惊吓等可促进本病的发生。雌激素、皮质醇、生长素、胰高血糖素、胰岛素、甲状腺素等，可能通过改变能量代谢的来源、促使碳水化合物转变成脂肪、增加游离脂肪酸产生、抑制脂肪酸氧化、减少膜磷脂组成、增加对致病因素敏感性等来诱发脂肪肝的发生。现已发现病鸡血清钙和胆固醇含量明显升高，提示该病的发生与激素平衡失调有关。

6. 脂质过氧化损伤

最近研究表明，脂肪肝的发生与肝细胞脂质过度氧化有关，机体通过酶系统和非酶系统产生氧自由基，后者能引起生物膜磷脂中所含的不饱和脂肪酸发生脂质过氧化反应，并由此形成了脂质过氧化物，而脂质过氧化物可使膜蛋白和酶分子聚合和交联，造成细胞代谢功能的改变，使肝组织细胞受到损害。

（二）临床症状

本病病初无特征性症状，只表现过度肥胖，其体重比正常高出20%，尤其是体况良好的鸡、鸭更易发病，常突然暴发死亡。发病鸡、鸭全群产蛋率减少（产蛋率常由80%以上降低至50%左右），有的停止产蛋，喜卧、腹下软绵下垂，冠和肉髯褪色、甚至苍白，严重者嗜睡，咳痰，体温41.5～42.8℃，进而肉髯和冠及脚变冷，可在数小时内死亡，一般从发病到死亡1～2d。

病禽血液化学检查，血清胆固醇含量增高达15.73～29.85mmol/L以上（正常为2.91～8.22mmol/L），血清钙含量高达7.0～18.5mmol/L（正常为3.75～6.50mmol/L），血浆雄激素水平增高，平均含量为1019mg/L（正常含量为305mg/L）。血浆蛋白、葡萄糖含量及转氨酶、乳酸脱氢酶等活性无明显改变。

（三）病理变化

剖检病禽，肝脏变化最为明显，可见肝脏肿大，达正常的2～4倍，边缘钝圆、油腻，呈黄色，表面有出血点和白色坏死灶，质地变脆，易破碎如泥样，用刀切时，在切面有脂肪滴附着。腹腔有大量脂肪沉积，肠系膜等处有大量脂肪。肝破裂时，腹腔内有多量凝血块，或在肝包膜下可见到小的出血区，亦可见有较大的血肿。有的病禽心肌变性呈黄白色，有些则肾脏略变黄，脾、心、肠有不同程度的小出血点。

组织学变化为肝细胞内充满脂肪空泡、大小不等的出血和机化中的血肿及较小不规则的、伊红均染的物质团块，这些团块可能是血浆蛋白的衍生物。肝脏的脂肪含量一般超过干重的40%，甚至可达70%。

（四）发病机制

众所周知，肝脏在脂类的消化、吸收、分解、合成以及运输等代谢过程中都有重要的作用。肝细胞的特异性和非特异性损伤以及缺乏某些营养物质，可以影响内质网的蛋白质合成，因而脂肪不能结合成脂蛋白从肝细胞运输出去，使肝脏合成脂肪的速度超过肝脏排出脂肪的速度，造成脂肪在肝细胞内蓄积。脂肪在肝细胞大量沉积的结果，是引起肝细胞的变性、坏死，肝血管壁破裂而发生出血。过量的脂肪可破坏肝脏的结构，使肝脏血管和网状构架组织变弱。有报道认为，网状组织溶解和肝脏出血程度之间有密切联系，同时肝脏内门静脉破裂与静脉变性有关。另外，局灶性肝细胞坏死造成血管损伤是引起出血的另一种机制。

（五）诊断

根据病因、发病特点以及特征性病理变化，一般可做出诊断。但应与脂肪肝和肾综合征相鉴别，后者主要发生于肉仔鸡，肝和肾均有肿胀，多死于突然嗜睡和麻痹。

（六）防治

本病无特效疗法，一般在饲料中加入胆碱，剂量为22～110mg/kg，治疗1周，有一定效果。也可在每吨日粮中补加氯化胆碱1000g，维生素E10 000IU，维生素B_{12}12mg，肌醇900g，连续喂10～15d。

可以通过以下几种方法进行预防：

（1）调整饲料结构，降低日粮中的能量。增加蛋白质含量，特别是含硫氨酸；或通过限制饲养来控制家禽对能量的摄入量，以减少脂肪肝综合征的发生。国外有资料报道，通过额外添加富含亚麻酸的花生油来减轻脂肪肝综合征。

（2）在饲料中添加某些营养物质。有资料介绍，在饲料中添加胆碱、肌醇、甜菜碱、蛋氨酸、维生素E、维生素B_{12}、锰和亚硒酸钠等物质对预防和控制脂肪肝综合征有一定的作用。

（3）控制蛋鸡育成期的日增重。在8周龄时应严格控制体重，不可过肥。

（4）加强饲养管理防止应激刺激。注意饲料保管，不喂发霉变质的饲料；适当控制光照时间，保持舍内环境安静、温度适宜，尽量减少噪声、捕捉等应激因素，对防治脂肪肝综合征亦有较好的效果。

二、牛脂肪肝综合征

牛脂肪肝综合征又称母牛肥胖综合征（fat cow syndrome）或称牛妊娠毒血症（pregnancy toxemia in cattle），详见第四节母牛肥胖综合征。

三、犬猫脂肪肝综合征

犬猫作为目前较为常见的宠物，由于摄食营养丰富且不能经常运动，容易导致肥胖。犬猫之所以会患有脂肪肝的主要原因是由于肝脏细胞聚集了大量的脂肪（一般在肝脏脂类物质超过犬猫肝总重的5%时发生），引发肝功能紊乱，是一种较为常见的胆汁淤积综合征。任何阶段的犬猫均有可能患病，最易患病的群体为中年犬猫和肥胖犬猫，同时雌性犬猫发病率高于雄性犬猫。

（一）病因

1. 原发性

原发性脂肪肝通常是由于饮食问题造成的，当犬猫长时间食用低蛋白、高脂肪食物就很容易造成脂肪肝症状；活动不足也会导致肥胖；同时当环境突变、应激反应等也可造成诱发病。患病犬猫在食欲不振的情况下，其外围组织中含量过高的脂肪会分解为一种游离脂肪酸进入肝脏，导致细胞周围组织蓄积。因此，在一定程度上要保证宠物犬、猫的饮食规律和健康饮食，以免患上原发性脂肪肝。

2. 继发性

继发性疾病包括慢性肝炎和急性肝炎、寄生虫病、慢性胰腺炎及各种慢性代谢性疾病。患有继发性疾病也会导致脂肪肝。

（二）临床症状

腹围比较大、体态肥胖的犬猫发生脂肪肝的概率比较大，在患病初期，犬猫会出现精神沉郁、食欲不振、嗜睡等症状，后期会出现比较严重的行动迟缓、全身无力的症状，体重会在短时间内严重下降。如病情无法得到持续有效的控制，导致犬猫出现如呼吸急促、发烧、脱水、呕吐等方面的症状，某些患脂肪肝的犬猫体温甚至超过40℃，每分钟呼吸次数超过30次，每分钟心跳次数超过140次。由于肝脏受损，犬猫会出现黄疸的症状，牙龈及内耳部位的皮肤同时发黄。随着病情的加重，患病犬猫会出现比较严重的中枢神经系统损伤及代谢系统紊乱，主要症状表现为昏迷、抽搐、流口水等。

（三）病理变化

与健康犬猫和患其他肝脏疾病猫（如胆道炎）相比，犬猫脂肪肝的特征为胆红素浓度升高，血清碱性磷酸酶与丙氨酸转移酶的活性升高。由于胰岛素抵抗及反调节激素水平升高，通常还伴随有高血糖。如果存在低血糖，则提示肝功能严重降低，甚至为肝衰末期。由于厌食和肝脏功能降低，犬猫脂肪肝还常见轻度的低白蛋白血症。由于长期厌食和/或尿素循环功能不全，有51%的犬猫会出现尿素氮浓度降低的情况。常见的电解质紊乱包括低钾血症（30%）、低镁血症（28%）以及低磷酸血症（17%），这些电解质紊乱可能在发病时就出现或在治疗脱水的输液治疗后出现。低钾血症和低磷酸血症与猫脂肪肝的发病率和死亡率有关。低钾血症可使血氨的脑损伤作用增强，并可导致肌肉无力、麻痹性肠梗阻及厌食；低磷酸血症可导致严重的溶血。

（四）发病机制

在进化的过程中，犬猫对脂肪和蛋白质的代谢有自身独特的一套机制，这套机制让犬猫成为了严格的肉食动物。由于犬猫独特的蛋白质代谢路径，它们保留体内氮的能力有限，在长期厌食后很快就会出现必需氨基酸缺乏以及蛋白质营养不良。犬猫患脂肪肝会表现出和重症犬猫类似的碳水化合物代谢表现。尽管犬猫脂肪肝确切的病理生理机制尚不完全清楚，但可以确定的是，在犬猫脂肪肝形成过程中有多个生理进程之间出现了紊乱，包括外周脂肪流入肝脏的过程、脂肪酸的重新合成、肝脏代谢脂肪酸的速率以及肝脏内的甘油三酯通过超低密度脂蛋白分泌等过程。游离脂肪酸进入肝脏后有2条途径：其一在线粒体中进行 β-氧化，其二被酯化为甘油三酯并通过VLDL通路分泌入血。肝脏 β-氧化脂肪酸氧化后可产生乙酰辅A，乙酰辅酶A可通过三羧酸循环提供能量形成酮体。如果2条途径有紊乱就会造成脂肪在肝脏堆积，出现病理，造成临床症状。

（五）诊断

可通过患病犬猫的病史（肥胖且最近厌食）、临床表现（精神食欲下降、黄疸）、临床病理学结果以及肝脏超声影像特征得出脂肪肝初步的怀疑诊断。在超声检查时，脂肪肝患犬猫的肝脏会表现为体积增大，和镰状脂肪相比呈弥散性高回声，可对70%犬猫脂肪肝作出诊断。在健康的肥胖犬猫上也可见到类似的弥散性高回声的肝脏超声特征。确定诊断需要细针抽吸进行细胞学检查，或者在某些情况下可进行肝脏活检组织学检查。

（六）防治

治疗可通过改变犬、猫每天食物种类的方式来刺激食欲，需注意犬猫粮中不能含有高蛋白或高能量成分，否则会出现不同程度的脱水症状，如果出现脱水现象可通过适当补充体液和电解质来调节。患病猫出现无食欲症状，可采用强制饲喂方法，将食物投喂到胃管中，灌服流食，平时注意保护胃管。为避免人为引起应激反应，使病情加重，可通过腹部侧部进行手术。饲喂量随时间不断增加，第1d投喂 1/3～1/2的量，第2天投喂2/3的量，第3天投喂正常量，投喂的食物应加热到合适的温度，防止猫出现呕吐。在投喂过程中需要缓慢投喂，以免食管被堵塞。如果胃管堵塞需用温水冲洗，在除去胃管前8h和除去胃管后的12h内禁止饮食。

在护理过程中，冬天要注意保暖，防止感冒且需要保持卫生，防止伤口感染；夏天注意防暑降温，提高宠物犬猫的环境质量，减少可能造成应激反应的因素。

宠物犬猫经过手术后需要对伤口进行处理，针对患有脂肪肝的患病犬猫在输液时需要注意不能选用含有乳酸林格氏液或葡萄糖的药物，可选择林格氏液进行治疗。1周后方可拆线，为伤口提供充足愈合时间，期间可给犬猫饲喂肝脏处方粮。治疗的方法主要以输液与饲喂分开的方式进行，强制饲喂时采用插管饲喂，过程中需要确保管道畅通、干净，定期更换，当患病犬猫可以自主进食后，可取消饲管喂食。

第四节　肥胖综合征

肥胖综合征是一组常见的代谢症候群。当动物机体进食热量多于消耗热量时，多余热量以脂肪形式储存于体内，其量超过正常生理需要量，且达一定值时遂演变为肥胖症。在妊娠期动物发病又称为妊娠毒血症（pregnancy toxemia），是怀孕动物营养摄入不足，不能满足胎儿生长发育的能量需要，导致体内脂肪大量动用，酮体生成过多并蓄积而引起的以低血糖、酮血、酮尿和神经症状为特征的一种营养代谢性疾病，主要发生于绵羊、马、驴、山羊、牛、兔、犬、猫也有发生。

一、绵羊妊娠毒血症

绵羊妊娠毒血症（pregnancy toxemia of ewe）是妊娠末期母羊由于碳水化合物和挥发性脂肪酸代谢障碍而发生的一种营养代谢性疾病。低血糖、酮血和酮尿及神经功能的紊乱是本病的主要特征。各种品种的母羊在第二胎及以后妊娠，均能发生妊娠毒血症；杂种羊易感性较高，放牧羊比舍饲羊更易发病。

（一）病因

病因仍不十分清楚，主要见于母羊怀双羔、三羔或胎儿过大。胎儿发育需要消耗大量的营养物质，可能是本病发病的诱因；而天气寒冷和母羊营养不良，母羊不能满足胎儿发育的需要，不得不动用体内糖原、脂肪和蛋白质，造成体内代谢紊乱，可能是本病发病的主要原因。试验性复制羊妊娠毒血症时，单独采用禁食方法常常不能成功，但若在禁食的同时配合应激因素，如运输、气温降低或发生其他疾病等，则很容易导致本病的发生。但在另一些试验中，单纯应用低营养、半饥饿的方法饲养妊娠末期（最后1个月）的怀双羔母羊，也可引起试验性妊娠毒血症。由此看来，饥饿和环境因素变化引起的应激反应，特别是二者共同作用于怀双羔的母羊，是促成本病发生的重要因素。此外，缺乏运动也与本病的发生有一定的关系。

本病主要发生于妊娠最后1个月，多在分娩前10~20d发病，有时则在分娩前2~3d。在我国西北地区，此病常在冬春枯草季节发生于瘦弱的母羊。妊娠末期的母羊营养不足、饲料单纯、维生素及矿物质缺乏，特别是饲喂低蛋白、低脂肪的饲料且碳水化合物供给不足时，易发生妊娠毒血症。据报道，妊娠早期过于肥胖的母羊至妊娠末期突然降低营养水平，更易发生此病；膘情好的母羊在优良牧草的牧地上放牧，由于运动不足或突然减少摄入的饲草数量，也易发病。舍饲期间缺乏精料或者冬季放牧时牧草不足、长期饥饿，均易发病。

（二）临床症状

病初精神沉郁，放牧或运动时常离群呆立，对周围事物漠不关心；瞳孔散大，视力减退，角膜反射消失，出现意识扰乱。随着病情发展，精神极度沉郁，黏膜黄染；食欲减退或废绝，磨牙，瘤胃弛缓，反刍停止；呼吸浅快，呼出的气体有丙酮味，脉搏快而弱。疾病中后期低血糖性脑病的症状更加明显，表现运动失调，行动拘谨或不愿走动，行走时步态不稳，无目的地走动，或将头部紧靠在某一物体上或做转圈运动。粪便干而少，尿频。严重的病例视力丧失，肌纤维震颤或痉挛，头向后仰或弯向一侧，有的昏迷，全身痉挛，多在1～3d内死亡。

（三）病理变化

血液检查表现为低血糖和高血酮，血清总蛋白含量减少。血糖含量下降至1.4mmol/L（正常值为3.33～4.99mmol/L），血清酮体含量升高至547mmol/L或超过此值（正常值为5.85mmol/L），β羟丁酸由正常的0.06mmol/L升高至8.50mmol/L。血浆游离脂肪酸增多。尿液酮体呈强阳性。淋巴细胞及酸性粒细胞减少。病的后期，血清非蛋白氮含量升高，有时可发展为高血糖。

肝脏肿大变脆，色黄，肝细胞发生明显的脂肪变性，有些区域颗粒变性并坏死。肾脏亦有类似病变。肾上腺肿大，皮质变脆，呈土黄色。

（四）发病机制

妊娠末期如果母体获得的营养物质不能满足本身和胎儿生长发育的需要（特别在多胎时），则促使母羊动用组织中贮存的营养物质，使蛋白质、碳水化合物和脂肪的代谢发生严重紊乱。妊娠母羊不能从消化道吸收葡萄糖，能量主要来源于糖异生。当体内糖原耗尽，体蛋白质和体脂肪大量分解的情况下，仍不能维持机体的需要，造成机体血糖含量下降、体内脂肪大量动员产生过量的酮体、脂肪酸进入肝脏、甘油三酯增加从而发生脂肪肝。持续性的低血糖，引起肾上腺代偿性肿大，血浆皮质醇激素水平升高。因此，临床上病羊表现严重的代谢性酸中毒及尿毒症症状。但有些病羊至病的后期，由于肾上腺肿大（正常母羊约为3.8g，患病母羊可达6.7g），血浆可的松水平可增高1～2倍，因而出现高血糖症。

（五）诊断

根据临床症状、营养状况、饲养管理方式、妊娠阶段、血尿检验以及病理变化，即可做出诊断。

（六）防治

为了保护肝脏功能和供给机体所必需的糖原，可用10%葡萄糖溶液150～200mL及维生素C 0.5g静脉注射。同时还可肌注大剂量的维生素B_1。

肌肉注射氢化泼尼松75mg或地塞米松25mg，并口服乙二醇、葡萄糖和注射钙镁磷制剂，存活率可达85%；但单独使用类固醇的存活率不高，仅为61%。出现酸中毒症状时，可静脉注射5%碳酸氢钠溶液30～50mL。此外，还可使用促进脂肪代谢的药物，如肌醇注射液，同时注射维生素C。

无论应用哪种方法治疗，如果治疗效果不显著，建议施行剖宫产或人工引产，娩出胎儿后，症状多随之减轻。但已卧地不起的病羊，即使引产，也预后不好。在患病早期，治疗的同时改善饲养管理，可以防止病情进一步发展，甚至可使病情迅速缓解。增加碳水化合物饲料的数量，如块根饲料、优质青干草，并给以葡萄糖、蔗糖或甘油等含糖物质，对治疗本病有良好的辅助作用。

预防本病的关键是合理搭配饲料。对妊娠后半期的母羊，必须饲喂营养充足的优良饲草料，保证供给母羊所必需的碳水化合物、蛋白质、矿物质和维生素。对于临产前的母羊，每当降雪之后、天气骤变或运输时，补饲胡萝卜、甜菜及青贮等多汁饲料。对于完全舍饲的母羊，应当每日驱赶运动两次，每次30min。在冬季牧草不足时，放牧母羊应补饲适量的青干草及精料。

二、马、驴妊娠毒血症

马驴妊娠毒血症（pregnancy toxemia of mare and ass）是马、驴妊娠末期发生以顽固性食欲、饮欲废绝为特征的一种代谢障碍性疾病。主要发生于怀骡驹的母驴和母马，怀马驹的母马偶有发生，但怀驴驹的母驴极少发生。发病时间集中于产前1个月以内，10d内发病者占绝大多数。1～3胎母驴发病率最高。

（一）病因

母畜在妊娠期间营养不足，特别是怀骡驹的母驴，胎儿体格较大，如长期饲喂蛋白质含量低的干草，不能满足妊娠后期母体和胎儿营养的需要可能是本病发病的主要原因；而缺乏运动导致机体消化吸收功能降低则是本病发病的主要诱因。

（二）临床症状

病情较轻者精神沉郁，食欲降低，咀嚼无力；结膜潮红，口色较红而干；粪便干黑，有的稀软；体温正常。严重者精神高度沉郁，食欲废绝，口干舌燥，可视黏膜发绀或呈红黄色；口有恶臭，肠音减弱或废绝；粪便干结，后期粪便呈稀糊状或黑色稀水；心音快弱，节律不齐。少数马伴发蹄叶炎。

病情严重者在分娩时容易发生难产，表现为阵缩无力。有的病畜发生早产或胎儿出生后很快死亡。母驴在产后逐渐好转，出现食欲。有的产后排出白糊状或红色恶露。严重者产后也可能发生死亡。

采集血液分离血浆或血清后进行观察，健康驴呈淡灰黄色，马呈淡黄色。而病驴呈乳白色，混浊，表面出现蓝灰色，如将全血倒在地面或桌面上，表面也附有此种特异颜色；病马血浆呈暗黄色奶油状。病驴血清化学指标测定显示，肝脏和肾脏功能严重受损，麝香草酚浊度试验由健康的5.68升高为22.1（15.5～30.7），血清β脂蛋白由健康的1550mg/L升高到16563mg/L（1150～2377mg/L），血清总脂、胆固醇、球蛋白、胆红素含量和天冬氨酸转氨酶（AST）活性等均明显升高，血糖和白蛋白含量降低，血液酮体含量随疾病严重程度而增加（病驴从76.9mg/L升高至451.6mg/L）。

（三）病理变化

血液凝固不良，皮下水肿。肝脏肿大，呈土黄色，质脆，切面油腻；肝细胞呈不同程度的脂肪变性，细胞肿大，细胞核偏于一端，呈戒指状。肾脏土黄色，包膜粘连，切面有黄红色条纹或出血区；肾小管上皮细胞脂肪变性，管腔变窄，管腔内有数量不等的颗粒管型或透明管型。脾脏显著肿大，质软、充血，被膜下有出血点，淋巴组织萎缩，脾小体减少或消失。心室扩张，心室和大血管中有半凝固的鸡脂样血凝块。胎儿的病变与母体相似，主要表现为肝脏和肾脏的脂肪变性。

（四）发病机制

母畜在妊娠后期，胎儿生长迅速，特别是母驴怀骡驹时，胎儿体格较大，对营养的需要大大增加。此时若饲料品质不良、营养缺乏，母体就不能获得充足的营养物质满足胎儿生长发育和自身代谢的需要，机体便动用自身贮备的糖原。当肝糖原消耗殆尽时，动用体脂，大量游离脂肪酸进入肝脏，导致肝脏脂肪合成增加，多量的脂肪蓄积在肝细胞内，形成脂肪肝。由于大量的脂肪难以充分氧化，产生多量的酮体，进入血液和尿液，表现酮血症和酮尿症。同时，肾小管上皮细胞发生脂肪变性影响泌尿功能，使代谢产物不能及时排出体外而发生尿毒症。

（五）诊断

根据妊娠后期食欲废绝、粪便干少等临床症状，结合饲料单一、品质不良及缺乏运动等病史即可初步诊断。血清颜色和化学指标测定，特别是血糖含量降低和酮血症、酮尿症可作为诊断的依据。

（六）防治

对病畜应加强护理，供给优质青嫩的牧草，并及早应用药物治疗。10%葡萄糖溶液1000mL，12.5%肌醇20~30mL（马40~60mL），维生素C 2000~3000mg静脉注射，每日1~2次。复方胆碱片20~30片（马40~60片），酵母粉10~15g（马20~30g），磷酸酯酶片15~20片，稀盐酸15mL，加适量水灌服，每日1~2次。另外，可选用氢化可的松、复合维生素B、抗弥漫性血管内凝血药物（如肝素）、降血脂及保肝药物，可提高治愈率。

生产后病畜可迅速好转，对接近产期而药物治疗效果不显著者，可用前列腺素F2α或其类似药物氯前列烯醇等进行人工引产。怀孕期间应合理搭配饲料，供给足够的营养物质，避免长期饲喂单一饲料。此外，应增加母畜运动，有条件的最好放牧，增强母畜的代谢功能，可有效预防本病的发生。

三、家兔妊娠毒血症

家兔妊娠毒血症（pregnancy toxemia of rabbit）是母兔怀孕后期的一种代谢性疾病。

（一）病因

目前认为主要是营养失调和运动不足。许多因素如品种、年龄、肥胖度、经产胎次及环境的变化，均可导致内分泌功能异常，造成营养失调而发病。此外，也与生殖功能障碍如流产、死产、遗弃仔兔、吞食仔兔、胎儿异常和子宫瘤等密切相关。

母兔肥胖，缺乏运动，以致氧的供应不足，糖的有氧氧化过程减弱，能量供给减少；或日粮中含蛋白质和脂肪过多而含糖不足时，机体就不得不动用体内脂肪。脂肪动用过多，氧化不全的产物丙酮、β-羟丁酸、乙酰乙酸等便在体内蓄积，对机体产生损害作用，尤以肾脏受损最明显。

（二）临床症状

轻者无明显临床症状，重者可迅速死亡。一般表现精神沉郁，呼吸困难，呼出气带酮味（似烂苹果味），尿量减少。死前可发生流产、共济失调、惊厥及昏迷等神经症状。血清非蛋白氮含量显著升高，钙含量降低，磷含量增加，丙酮试验呈阳性。

剖检可见母兔体肥，乳腺分泌旺盛，卵巢黄体增大，肝脏、肾脏、心脏苍白，脂肪变性，脑垂体变大，肾上腺及甲状腺变小、苍白。

（三）防治

日粮中添加葡萄糖可防止酮血症的发生和发展。对本病的治疗主要是稳定病情，使之能够维持到分娩，而后得到康复。治疗的重点是保肝解毒，维护心、肾功能，提高血糖，降低血脂。发病后内服甘油，静脉注射葡萄糖溶液、维生素C，肌肉注射维生素B_1、维生素B_2等，均有一定疗效。同时应用可的松类激素药物来调节内分泌功能，促进代谢，可提高治疗效果。

在妊娠后期供给富含蛋白质和碳水化合物的饲料，不喂腐败变质的饲料，避免饲料种类的突然改变和其他的应激因素，可有效预防本病的发生。

四、母牛肥胖综合征

母牛肥胖综合征（fat cow syndrome）又称为牛妊娠毒血症（pregnancy toxemia in cattle）或牛脂肪肝病（fatty liver of cattle），是因母牛怀孕期间过度肥胖，常于分娩前或分娩后发生的一种以厌食、精神沉郁、虚弱为临床特征的代谢病。本病与母羊妊娠毒血症类似，主要发生于围产期奶牛。

（一）病因

本病的确切发病原因还不十分清楚，一般认为与以下因素有关。

1. 饲养管理不当

奶牛产前停奶时间过早，或在干乳期，甚至从上一个泌乳后期开始饲喂高能日粮，如大量饲喂谷物或青贮玉米，使能量摄入过多，造成妊娠母牛过度肥胖，在分娩、产犊、泌乳、气候突变等应激作用下易发生本病。其他管理方面的错误，如未能把干乳期牛和正在泌乳的牛分群饲养；妊娠前期饲料供应过多，临分娩前饲料突然短缺，甚至采食含羽扇豆类饲草，可加速本病发生。有试验表明，如使饲料摄入逐渐减少，让动物发挥自身调节功能后，耐过产犊应激过程，可减少或避免疾病发生。

2. 遗传因素

本病的发生与牛的品种有关。娟姗牛发病率最高，达60%～66%，其中87.5%的病牛呈中度或重度脂肪肝。中国黑白花牛发病率为45%～50%，其中40%呈中度或重度脂肪肝。更赛牛发病率达33%。役用黄牛发病率仅6.6%。母牛怀双胎，同时伴有缺钙或受大量内寄生虫感染时，可使发病率增高。乳牛常在分娩后的泌乳高峰期发病，有些牛群发病率可达25%，死亡率达80%。肉用母牛常在怀孕后期，尤其是初产肉用母牛，于怀孕至7～9个月发病，多数在妊娠最后5周内发病，发病率通常为1%，有的可高达3%～10%，死亡率达100%。

3. 继发于其他疾病

在前胃弛缓、创伤性网胃炎、真胃变位、骨软病、生产瘫痪及某些慢性传染病等疾病发生过程中，可继发脂肪肝。

（二）临床症状

病牛表现异常肥胖，脊背展平，毛色光亮。产后几天内呈现食欲下降、甚至废绝，产奶量下降。母牛虚弱，躺卧，体内酮体增加，严重酮尿，采用治疗酮病的措施常无效。肥胖牛群还经常出现真胃变位、前胃弛缓、胎衣滞留、难产等疾病。部分牛呈现神经症状，如举头、头颈部肌肉震颤，最后昏迷、心动过速。幸免于死的牛常表现休情期延长，牛群中不孕及少孕的现象较普遍。

肥胖肉用母牛常于产犊前表现不安，易激动，行走时运步不协调，黏着步，排粪少而干，心动过速。如在产犊前两个月发生脂肪肝者，病牛常有较长时间（10～14d）停食，精神沉郁，躺卧、匍匐在地，呼吸加快，鼻腔分泌物增多；后期排黄色稀粪、恶臭。死亡率很高，病程为10～14d，最后呈现昏迷，并在安静中死亡。

病牛常有低钙血症，血清钙含量降低至15～20mmol/L（60～80mg/L），血清无机磷浓度升高达64.6mmol/L（200mg/L）。病初呈低糖血症，但后期呈高糖血症。血液酮体和游离脂肪酸含量升高，天冬氨酸转氨酶（AST）、鸟氨酰基转移酶（OCT）和山梨醇脱氢酶（SDH）活性升高，尿液出现明显的酮体和蛋白。血常规检查白细胞总数减少。

（三）病理变化

剖检可见肝脏轻度肿大，呈黄白色，脆而油润，肝细胞呈严重的脂肪变性。肾小管上皮脂肪沉着，肾上腺肿大，色黄。此外，有时可见真胃寄生虫侵袭性炎症、霉菌性瘤胃炎及灶性霉菌性肺炎等。

（四）发病机制

怀双胎的肉用母牛于妊娠后期，特别是奶牛分娩以后，随着产乳量增加，机体对能量的需要剧增，再加上泌乳、分娩等应激刺激，或因饲料供应短缺或所供给的饲料不能适应这一生理需要时，机体可产生体脂动员。大量的游离脂肪酸从体内脂肪组织涌入肝、肾等组织，造成肝细胞脂肪变性或脂肪沉着，肝糖原合成减少，脂蛋白合成也降低。脂肪酸在肝内的氧化放能作用，加速了肝内脂肪合成与沉积，并产生酮血症和低糖血症。后期因血糖转化为肝糖原受阻，呈现高糖血症。

有些影响脂肪酸氧化或脂蛋白合成的因素，可加速脂肪在肝脏内积累。如有毒羽扇豆、四氯化碳、四环素等可影响肝细胞功能；蛋氨酸和丝氨酸缺乏可造成脂蛋白合成减少；胆碱缺乏不仅影响磷脂合成，还可影响脂肪运输，所有这些因素都可诱发脂肪肝。但引起肥胖母牛综合征的首要因素是妊娠期过度肥胖，分娩前后体脂消耗太多，肝细胞脂肪变性。假如妊娠期不肥胖，即使有轻度脂肪肝，也不产生肥胖综合征。

（五）诊断

根据本病均发生于肥胖母牛的特点以及肉牛于产犊前、奶牛于产犊后突然停食、躺卧等症状，可做出初步诊断。鉴别诊断应注意与真胃变位、卧地不起综合征、酮病、胎衣滞留和生产瘫痪等疾病相区别。真胃变位时，于肋弓下叩诊，在相应的同侧肷部可听到金属音调。生产瘫痪常在分娩后立即发生，但用钙剂、ACTH及乳房送风治疗，疗效明显。与卧地不起综合征相比，这两种综合征均表现食欲废绝及明显的酮尿，从临床症状很难区别，但从病史看，肥胖母牛综合征是因妊娠期饲喂大量谷物，过度肥胖为主，而患卧地不起综合征的病牛大多不出现过度肥胖。

（六）防治

本病死亡率高，经济损失大，主要采取预防措施。较好的办法是防止妊娠期，特别是怀孕后1/3时期内摄入过多的能量饲料，摄入的饲料以能满足胎儿生长及其自身需要即可。但是，很难做到既满足需要、又不引起过胖，因此，建议对妊娠后期母牛分群饲养，密切观察牛体重的变化，防止过度肥胖，避免日粮急剧的变化，不饲喂适口性差的饲料，同时注意预防围产期疾病、控制环境应激等，使妊娠母牛干物质采食量达到最大，可有效预防本病的发生。另外，经常监测血液中葡萄糖及酮体浓度，有重要参考意义。对血液酮体浓度增加、葡萄糖浓度下降的病牛，除应做酮病治疗外，还应注意使动物有一定食欲，防止体脂过多动用。产后某些疾病，如真胃变位、子宫内膜炎、酮病等，应及时、适当治疗。当血糖浓度下降时，除静脉滴注葡萄糖外，还应使用丙二醇促进其生糖作用，对减少体脂动员具有一定意义。

对本病治疗应持慎重态度，但本病的治疗结果常不能令人满意。若病畜完全丧失食欲，则常常死亡；对尚能维持定食欲者，应采取综合治疗措施，即反复静脉滴注葡萄糖、钙制剂、镁制剂。用ACTH糖皮质激素、维生素B_{12}配合钴盐，后期体况好转后注射丙酸睾酮以促进同化作用，这些措施对病况虽有改善，但效果很不满意。

灌服健康牛瘤胃液5～10L或喂给健康牛反刍食团，或服用丙二醇，可促进糖异生作用。后期用胰岛素200～300IU皮下注射，1日2次，可促进糖向外周组织转移。多给优质干草和大量饮水的同时，给予含钴盐砖。肥胖母牛，可于产前20d，在日粮中添加胆碱（50g/d），直至分娩；也可于产前3～5d，静脉注射25%葡萄糖溶液1700～2000mL，直至产犊。

五、犬猫肥胖症

犬猫肥胖症（dog and cat adiposis）是成年犬猫较多见的一种脂肪过多性营养疾病，由于机体的总能量摄入超过消耗，使脂肪过度蓄积而引起，影响动物的寿命和生活质量。一般认为，超过正常体重15%以上便是肥胖。西方国家44%犬和12%猫身体超重。

（一）病因

1. 品种、年龄和性别因素

肥胖与品种、年龄和性别有关，12岁以上犬和老年猫易肥胖，母犬猫多于公犬猫。比格犬、可卡猎鹬犬、腊肠犬、牧羊犬、达克斯猎犬等以及短毛猫都比较容易肥胖。

2.营养过剩

食物适口性好，摄食过量，运动不足，是导致营养过剩的主要原因。

3. 内分泌功能紊乱

公犬去势、母犬摘除卵巢或某些内分泌疾病，如糖尿病、垂体瘤、甲状腺功能减退、甲状腺皮质功能亢进、下丘脑受损等，均可引起犬猫摄食过量，从而导致肥胖。

4. 疾病

患有呼吸道、肾病和心脏病的犬猫，容易肥胖。

5. 遗传因素

犬猫的父母肥胖，其后代也易发生肥胖。

（二）临床症状

肥胖症的大猫皮下脂肪丰富，尤其是腹下和体两侧，体态丰满，用手不易摸到肋骨。食欲亢进或减退，不耐热，易疲劳，运动时易喘息，迟钝不灵活，不愿活动，走路摇摆。肥胖犬猫易发生骨折、关节炎、椎间盘病、膝关节前十字韧带断裂等；易患心脏病、糖尿病，影响生殖等生理功能，麻醉和手术时容易发生问题，寿命缩短。此外，肥胖犬猫的血浆（清）胆固醇含量升高。

由内分泌紊乱引起的肥胖症，除上述肥胖的一般症状外，还表现原发病的各种症状。如甲状腺功能减退或肾上腺皮质功能亢进引起的肥胖有对称性的脱毛、鳞屑和皮肤色素沉积等症状。

单纯性肥胖症，病史调查能发现遗传、营养或缺乏运动等致病因素，且全身肥胖均匀，无内分泌和代谢病。继发性肥胖症，临床上呈现对称性脱毛、掉皮屑和皮肤色素沉着等特征，实验室检验TT_4降低，FT_4也降低，可确诊为甲状腺功能减退性肥胖症；如血检呈典型的"应激性白细胞象"，ACTH刺激前及刺激后均升高明显（ACTH刺激前参考值为$55 \sim 166nmol/L$，ACTH刺激后2h参考值为$166 \sim 497nmol/L$），可诊断为犬肾上腺皮质功能亢进性肥胖症；犬猫空腹12h后测血糖，犬血糖$>11.10mmol/L$，猫血糖$>22mmol/L$，可确诊为糖尿病性肥胖症；医源性肥胖症根据相关的药物服用史进行鉴别。

（三）病理变化

临床上，肥胖症的宠物常表现为皮下和腹内过剩脂肪大量沉积，体型浑圆，食欲亢进或减退，易疲劳，不耐热，走路时会有摇摆姿态，机体活力下降，运动能力降低。全身脂肪沉积严重时，还可表现为呼吸急促、心律不齐、左心肥大。内分泌异常引起的肥胖，可见特征性的皮肤病变和脱毛现象。

（四）诊断

本病可通过视诊，触诊，结合血清脂质变化进行确诊。标准体型的犬、猫肋骨和脊椎虽然看不到，但很容易触摸到，腹部有明显的皱褶。犬腹部脂肪较少，猫可在肋骨上触摸到薄层脂肪。超重犬肋骨和脊椎很难触摸到，超重猫肋骨、脊椎、肩胛骨和髋骨也很难触摸到。犬、猫腹部皱褶消失且显著膨胀。超重猫的脂肪明显沉积在脊椎两侧和尾根周围；肥胖犬胸部、背部和腹部大量脂肪沉积，腹部显著膨胀；肥胖猫大量脂肪沉积在胸部、背部和尾根部，腹部也显著膨胀。另外，一般根据肥胖的临床症状即可诊断，对内分泌功能紊乱引起的肥胖症应结合相关激素的测定结果和特征性的症状进行综合分析。必要时，可采用A型或B型超声仪测量腰中部皮下脂肪厚度，也可用二元能量X线吸收仪（DXA）做皮下脂肪厚度评估。

实验室检查可见血清总胆固醇升高，肥胖犬可达 260～400mg/dL以上，血清脂蛋白、中性脂肪和脂质也明显升高，血清胰岛素升高。肥胖猫呈现高甘油三酯血症，血清总胆固醇也显著升高。

（五）防治

定时定量饲喂犬猫，采用多次少量，把一天食量分成3～4次饲喂，非饲喂时间，不给犬猫任何食物。让犬猫每天有规律地进行20～30min的小到中等程度的运动。减少食物量，犬只喂平时食物量的60%，猫则只喂平时食物量的66%；或饲喂高纤维低能量低脂肪食物，使犬猫有饱感不饥饿。由甲状腺功能减退而引起的肥胖，可用甲状腺素治疗，每千克体重0.02～0.04mg/d，分1～2次拌入食物中饲喂；也可用甲状腺粉，20～30mg/d，分2～3次拌入食物中饲喂。糖尿病、垂体瘤和肾上腺皮质功能亢进所引起的肥胖症，要注意治疗原发病。

第五节　高脂血症

高脂血症（hyperlipoidemia）是指血液中脂类含量升高的一种代谢性疾病。血脂是血浆（清）中甘油三酯、胆固醇、磷脂和游离脂肪酸的总称。本病以肝脏脂肪浸润、血脂升高及血液外观异常为特征，多发生于矮马，驴、马和犬也有发生。

一、病因

马各种原因引起的采食减少和营养低下等饥饿可导致本病的发生，此外本病也与营养应激有直接的关系。冬春季节，牧草枯萎、饲料短缺，正值马匹妊娠后期或泌乳早期，营养需要量增加，因此极易发生能量的负平衡，引起血脂过多。在马传染性贫血的自然病例中也可见高脂血症。

犬、猫高脂血症病因分为原发性（内源性）和继发性（外源性）2种。①原发性高脂血症：该病症见于自发性高脂蛋白血症、自发性高乳糜微粒血症、自发性脂蛋白酯酶缺乏症和自发性高胆固醇血症。②继发性高脂血症：该病症多由内分泌和代谢性疾病引起，常见于糖尿病、甲状腺功能降低、肾上腺皮质功能亢进、胰腺炎、胆汁阻塞、肝功能降低、肾病综合征等，内分泌腺对脂质代谢调节障碍、肝脏合成脂质异常或肾脏疾病等，都可引起本病。另外，糖皮质激素和醋酸甲地孕酮也能诱导高脂血症。采食后可产生一过性高脂血症。③其他原因：家养的犬只由于拴系或生活空间狭小，致使运动量不足而肥胖，可成为本病的诱因。

二、临床症状

病马精神不振，食欲减退，虚弱无力，四肢、躯干或颈部肌肉纤颤，共济失调，后期卧地不起，陷入昏迷，舌苔灰白，呼出的气体有恶臭。有的发生腹泻，排出恶臭的粥样粪便。有的可视黏膜黄染，腹下浮肿，体温正常或升高，呼吸和脉搏增数。血液发淡蓝色，血清或血浆混浊，乳白色乃至黄色（高胆红素血症）。

犬、猫表现精神沉郁，常呈嗜睡状态，食欲废绝，营养不良，虚弱无力，站立不稳，不愿走动；偶见恶心、呕吐，心跳加快，呼吸困难；下腹部稍膨大，冲击式触诊腹部可闻有击水音；血液如奶茶状，血清呈牛奶样；血清中甘油三酯含量大于2.2mmol/L就会出现肉眼可见的变化。高脂血症血液中甘油三酯含量升高，同时乳糜微粒和/或极低密度脂蛋白及胆固醇含量也增多。饥饿状态下，成年犬血清胆固醇和甘油三酯分别超过7.8mmol/L和1.65mmol/L，成年猫分别超过5.2mmol/L和1.1mmol/L，即可诊断为高脂血症。高脂血症血清在冰箱中放置过夜，如果是乳糜颗粒，在血清顶部形成奶油样层；如果是极低密度脂蛋白，血清仍呈乳白色；单纯的胆固醇，血清无肉眼异常变化。

三、病理变化

患病马驴病变特征是血浆甘油三酯水平升高（>4.4mmol/L）和多器官的脂肪浸润。患犬的总胆固醇、中性脂肪及β–脂蛋白含量比健康犬高1倍，血清（浆）呈乳白色。但应注意采食后到采血的时间要长些。

四、发病机制

当动物停止进食时，摄入的能量少于动物需要的能量，就会处在"能量负平衡"状态。由于机体器官仍然需要能量维持运转，所以在无外来能量的情况下，机体就会利用储存的脂肪来供能。能量负平衡期间，激素敏感性脂肪酶的活性增加（动员脂肪），胰岛素浓度下降（酯化能力下降），结果导致游离脂肪酸（FFAs）经循环系统运输到肝脏，转化为葡萄糖供机体使用。这一过程是由复杂的激素控制的，根据肝脏产生葡萄糖的量来调节储存脂肪的释放量。

然而，驴和地方品种的小型马无法有效调控这种脂肪的释放，致使循环血流中的游离脂肪酸浓度显著增加，不能转化为葡萄糖的游离脂肪酸，在肝脏中重新酯化为甘油三酯和超低密度脂蛋白（VLDL），并释放入血流中引起高脂血症。血流中的大量脂肪可浸入肝脏和肾脏等组织器官，导致组织器官结构退化和功能衰竭，最终引起机体所有器官的衰竭，引起不可逆的器官损伤和死亡。

五、诊断

对可疑病例，可采血测定血清甘油三酯浓度或观察血清颜色进行诊断，当甘油三酯浓度超过4.4mmol/L或5.7mmol/L时或血清为乳白色时可进行确诊。

六、防治

由于高脂血症发病率高，发病早期不易发现，治愈率低以及死亡率高，所以该病的预防显得尤其重要。在日常的饲养管理过程中，尤其要注意动物能量负平衡的表现——食欲下降和体重的减轻。为了防止动物能量负平衡的发生，应努力做到：①尽可能避免或减小对动物的应激。在遇到新的情况时应做到缓慢过渡，提前计划，充分准备，逐渐适应；当有新成员进入马驴群时，要注意观察，要逐渐进行，尽量避免新引入驴遭受欺负，最大程度减轻应激的影响。②禁止过度肥胖，要仔细监测饲料摄入量，特别对怀孕马驴和哺乳马驴，如果超重，减肥应缓慢进行。③恶劣天气时，要为马驴提供庇护场所。寒冷季节应给老弱动物穿戴驴衣。④及时治疗原发病，防止继发性高脂血症的发生。

应除去致病因素，增加采食量。继发性高胆固醇血症首先治疗原发病，同时适当配合饲喂低脂肪高纤维性食物。原发性自发性高脂血症主要饲喂低脂肪和高纤维性食物或减肥处方食品。高乳糜微粒血症应限制形成的乳糜微粒长链脂肪酸，可给予碳原子数在6~10的饱和脂肪酸组成的中链脂肪酸，使其不形成乳糜微粒，并且代谢良好。高极低密度脂蛋白血症要限制饲喂含糖的食物，高低密度脂蛋白血症需要限制胆固醇的摄取。

对患有吞咽障碍或食欲废绝的病畜，可经胃管投食，同时应用降脂药物，常用的降血脂药物为烟酸。烟酸具有强烈的抗脂解作用，使血浆中游离脂肪酸减少，因而减少了合成甘油三酯的原料。同时烟酸能激活脂蛋白脂酶的活力，使脂蛋白与脂肪酸结合的白蛋白或与其他脂类结合的载脂蛋白分解代谢加快；此外，烟酸增加胆固醇的氧化，增加粪便中中性固醇的排泄，阻碍游离胆固醇的酯化作用而减少脂蛋白的合成。烟酸口服或注射用量，马3~5g/次，2~3次/d；犬每千克体重0.2~0.6mg，3次/d。犬可口服或静脉注射巯丙酰甘氨酸，剂量为100~200mg/d，连续2周。

第六节　黄脂病

黄脂病（yellow fat disease），又称黄膘病，是一种以脂肪组织严重炎症和脂肪细胞内沉积蜡样质色素为特征的营养性疾病，脂肪组织外观黄色，并伴有特殊的鱼腥臭味或蛹臭味。多发于猪，狐狸、水貂、猫、鼬鼠等也有发生。各种年龄的猪和水貂都可发生，但只有在屠宰或剥皮时才被发现。水貂，每年8～11月间发病最多，幼龄、生长迅速的貂发病率高于成年貂。

一、病因

主要是饲料中不饱和脂肪酸含量过高，同时维生素E或其他抗氧化剂缺乏所致。猪用变质的鱼粉、鱼肝油等下脚料或鱼类加工时的废弃物及蚕蛹等饲喂，易发生黄脂病。饲喂比目鱼、鲑鱼、鲱鱼等副产品最易诱发此病，因为这些鱼体内脂肪中80%是不饱和脂肪酸。饲喂含天然黄色素的饲料，如胡萝卜、黄玉米、南瓜等，有时也发生黄脂病。本病的发生也可能与遗传因子有关，调查发现凡父本或母本屠宰时发现黄脂病的猪，所生后代中黄脂病发病率较高。另外，过度肥胖的幼猫容易发病。

二、临床症状

黄膘猪生前很难判断，常见症状包括被毛粗乱、倦怠、衰弱、黏膜苍白、食欲减退、增重缓慢。严重病例呈现低色素性贫血。剖腹后皮下可闻到一股腥臭味，加热时或炼油时异味更明显，体内脂肪呈黄色或淡黄褐色。

小水貂断奶后不久即可发病，有的突然死亡，有的可存活到生皮阶段。水貂生前精神萎靡，目光呆滞，食欲下降，有时便秘或下痢，粪便逐渐由白色变成黄色以至黄褐色，被毛蓬松，不爱活动。有的表现特征性不稳定的单足跳，随后完全不能运动，严重时后肢瘫痪。如在产仔期常伴有流产、死胎，胎儿吸收和新生仔孱弱，易死亡。在生皮时期，幸存的病貂黄色脂肪沉积，并出现血红蛋白尿。

三、病理变化

1.猪

体脂呈黄色或炎黄褐色，骨骼肌和心肌呈灰白色、发脆。肝脏呈黄褐色，有明显的脂肪变性。肾脏呈灰红色，横断面发现髓质呈浅绿色。淋巴结肿胀、水肿，胃肠黏膜充血。

组织学检查，脂肪细胞间有蜡样质沉积，大小如脂肪细胞。由于有脂肪组织发炎，常有巨噬细胞、中性粒细胞、嗜酸性粒细胞浸润。

2.貂

皮下、肠系膜脂肪呈黄色或土黄色，甚至呈粉糊状。有的胃肠出血，肠内容物呈黑褐色。脂肪细胞坏死，细胞间充满蜡样质，脂肪中含有抗酸染色色素。

四、发病机制

脂肪组织中的不饱和脂肪酸易被氧化，生成蜡样质（ceroid）色素在脂肪细胞中沉积。蜡样质是2~40um的棕色或黄色小滴，或不定形小体，不溶于脂肪溶剂，但抗酸染色是很深的复红色。蜡样质位于脂肪细胞外周或存在于巨噬细胞内使脂肪呈现黄色，且蜡样质具有刺激性，可引起脂肪组织发炎，称为脂肪组织炎（steatitis）。维生素E是一种抗氧化剂，能阻止或延缓不饱和脂肪酸的氧化，促使脂肪细胞将不饱和脂肪酸转变为脂肪贮存。当饲喂过量不饱和脂肪酸饲料或维生素E缺乏时，不饱和脂肪酸氧化增强，蜡样质在组织中积聚，使脂肪变黄。

五、诊断

根据尸体解剖，皮下及腹腔脂肪呈黄色、黄褐色，肝脏呈土黄色，有的表现脂肪坏死，不难诊断。但临诊需与黄疸、黄脂相区别。

黄疸是动物受病原微生物侵袭或毒物中毒等原因大量溶血，或肝脏本身疾病，胆汁排泄受阻所致。不仅脂肪显黄色，且皮肤、黏膜、关节液均呈黄色。将油脂取出后在沸水浴中加热，颜色减退，从橙黄色变成淡黄，接触空气氧化后颜色加深。取脂肪少许，用50%酒精振荡抽提后，在滤液中加10~20滴浓硫酸呈绿色，继续加热而呈蓝色者，是黄疸的特征。

黄脂是指黄色色素在脂肪组织中沉着，仅皮下、网膜、肠系膜、腹部脂肪呈黄色。置冰箱或入冷库后颜色消退，水煮后恢复为淡黄色，一般无异味。黄脂病虽与黄脂类似，但一般都有鱼腥臭味，尤其用蚕蛹、鲜鱼饲喂的猪、水貂气味明显，加热后更明显。镜检可见脂肪组织间有蜡样沉着。

六、防治

调整日粮成分，日粮中富含不饱和脂肪酸的饲料应除去或限制在 10% 以内，并至少在宰前1个月停喂。

日粮中添加维生素E，猪每头500～700mg/d，水貂0.25mg/d；或加入6%的干燥小麦芽、30%米糠，也有预防效果。

第七节　牛酮病

牛酮病是高产泌乳母牛在产后发生碳水化合物和挥发性脂肪酸代谢紊乱引起的营养代谢紊乱性疾病。其表现为血、尿、乳中酮体的含量增加，产奶量下降，血糖浓度降低，血液游离脂肪酸水平升高，消化功能障碍，食欲不振，体重减轻，肝脂肪增加，肝糖原下降，有时会出现神经系统症状。

一、病因

按病因主要分为原发性酮病和继发性酮病。原发性酮病常发生于体况优良、泌乳潜能高的奶牛。本病高发期处在母牛产犊后3～6周，此时牛已达产奶高峰期，但其采食量未达高峰期。饲料中能量物质摄入不足，不能满足产奶的能量需求，使体内贮存的脂肪被动员，能量代谢紊乱，继而导致牛的体重下降，且出现酮体产量增加的情况。影响发病的因素有很多，如饲喂含丁酸过多或含盐量高的青贮饲料，缺乏钴、碘、磷等特殊营养素。继发性酮病是由于其他疾病导致的酮体生成增多，如皱胃变位、子宫内膜炎和创伤性网胃炎等。

二、临床症状

临床症状主要在产犊后数天或数周内，是由于低血糖为主要因素导致的一些临床表现。病牛的体况会随着病程发展逐渐下降，表现为精料的采食量减少，产奶量突然下降，体重迅速下降，精神沉郁，便秘，粪便上有黑色蜡样外观。严重病牛呼出的气体和尿液甚至牛奶中有丙酮甜味。少数会出现神经症状，如异常的咀嚼活动，共济失调，甚至发生狂躁且具有攻击性，一般仅持续数小时后恢复正常。

三、病理变化

健康牛血清中的酮体含量一般在1.72mmol/L（100mg/L）以下，亚临床酮病母牛血清中的酮体含量在1.72~3.44mmol/L（100~200m/L）之间，而临床酮病母牛血清中的酮体含量一般都在3.44mmol/L（200mg/L）以上。乳中酮体正常的0.516mmol/L（30mg/L）升高到6.88mmol/L（400mg/L）。血糖水平下降至1.4mmol/L（25mg/100mL）。血液中 β–羟基丁酸的含量超过1.75mmol/L（10mg/100mL）时可表明牛的亚临床型酮病。病牛的肝脏常发生脂肪浸润和变性。

四、发病机制

泌乳早期，母牛体内的能量和葡萄糖不能满足泌乳的消耗需求，其代谢平衡处于不稳定的状态。而如果母牛产乳量高，则会加剧这种不平衡。反刍动物与非反刍动物不同，通过消化道直接吸收的单糖并不能满足能量代谢的需要。在瘤胃微生物的作用下饲料中80%的碳水化合物发酵成挥发性脂肪酸，乙酸、丙酸和丁酸被机体吸收。牛所需的葡萄糖大约半数源于饲料中的丙酸通过葡萄糖异生途径由肝脏和肾皮质合成，因此瘤胃生成的丙酸减少，会使血糖浓度下降。如饲料中精料太多，碳水化合物供给或粗纤维不足，挥发性脂肪酸产生减少，前胃消化功能下降时，都可造成丙酸生成不足。酮病发生的中心环节是血糖浓度下降，长时间低血糖可动员脂肪分解为脂肪酸和甘油。甘油作为生糖先质可以转化为葡萄糖以弥补血糖的不足。但是由于缺乏 α–磷酸甘油，脂肪酸不能重新合成脂肪，导致血液中游离脂肪酸浓度升高。骨骼肌和心肌会利用脂肪酸合成能量物质，但是肝脏氧化脂肪酸的能力有限，这使得其β-氧化作用加快，生成大量的乙酰辅酶A。因糖缺乏，使草酰乙酸含量低，乙酰辅酶A不能参与三羧酸循环，而是沿着合成乙酰辅酶A的途径转化成酮体（乙酰乙酸、β-羟基丁酸和少量的丙酮）。丁酸是乙酰辅酶A的前体，瘤胃丁酸量升高时，也会生成酮体。激素调节如胰高血糖素、胰岛素、肾上腺素、肾上腺皮质激素、糖皮质激素、催乳素和甲状腺素都在酮体生成中起重要作用。

五、诊断

原发性酮病发生在产犊后几天至几周内，如体重减轻，产奶量突然下降，消化功能紊乱，血糖降低，血清酮体含量在3.44mmol/L（200mg/L）以上，间有神经症状，并伴有产奶量下降可做出诊断。继发性酮病（如子宫炎、乳腺炎、创伤性网胃炎、皱胃变位等因食欲下降而引起发病者）可根据血清酮体水平增高，原发病本身的特点以及对葡萄糖或激素治疗不能得到良好反应进行诊断。

六、防治

（一）预防

根据本病发生的病因和发病机制，产犊前就应该预防酮病。对高度集约化饲养的牛群，产犊时母牛不易过肥，全泌乳期应科学地控制牛的营养供给。产犊前2周（泌乳期）给牛饲喂少量精料（1～2kg/d），以利于瘤胃微生物的平衡。在产前4~5周应逐步增加能量供给，直至产犊和泌乳高峰期，都应逐渐增加。在为催乳而补料之前这一阶段，能量供给以能满足其需要即可，在增加饲料摄入过程中，不要轻易更换配方。泌乳早期应逐步改变饲料且避免使用含有生酮物质（如丁酸）的饲料，饲料中至少应包含40%的粗料。随着乳产量增加，用于促使产乳的日粮也应增加。精料的质量要好，保持粗料和精料的合理比例。

（二）治疗

治疗此病静脉输入50%或腹腔注射20%的葡萄糖500mL会有明显效果，但是只是暂时性地使血糖水平升高，因此需要重复注射。也可口服葡萄糖前体物，如丙三醇或甘油（500g，每天2次，持续2d；随后每天250g，持续2～10d）。丙酸钠每天口服120～240g，也有较好的效果，但是作用较慢。治疗体质较好的牛的酮血症时，可肌肉注射糖皮质激素类药物或促肾上腺皮质激素，效果较显著有助于牛迅速恢复，但是注射糖皮质类激素会引起产乳量下降。

第八节　肉鸡脂肪肝和肾病综合征

肉鸡脂肪肝和肾综合征是肉仔鸡发生的一种以肝、肾肿胀，肝脏苍白，肾变色，病鸡嗜睡、麻痹和突然死亡为特征的营养代谢病，以3～4周龄肉仔鸡发病率最高。

一、病因

（一）生物素缺乏

生物素缺乏是本病发生的主要原因，尤其是在生物素不足时，伴有某些应激因素，如惊吓、高温或寒冷、光照不足、断水或断料等可促使本病的发生。长期给鸡饲喂缺乏胆碱与生物素的饲料会导致鸡的营养性代谢失调而发生本病。

（二）脂肪和蛋白质代谢障碍

以一种含低脂肪和低蛋白的粉碎小麦作为基础日粮，能复制出本病，死亡率为25%。若日粮中增加蛋白质和脂肪的含量，则死亡率降低。若将粉碎的小麦做成小颗粒粉料饲喂，则死亡率增高。长期给鸡饲喂低蛋白与低脂肪的饲料，能导致鸡的营养性代谢失调而发生本病。

二、临床症状

本病一般见于生长良好的10～30日龄肉仔鸡，发病突然，以患病鸡嗜睡、全身麻痹为特征。患病鸡通常从胸部开始发生麻痹症状，并逐渐向颈部蔓延，通常可在几小时内迅速死亡。死后头伸向前方，趴伏或躺卧将头弯向背侧，死亡率多在6%之内，个别鸡群可达20%以上。有些病鸡会出现典型的生物素缺乏病征，如生长缓慢，羽毛发育不良，喙周围皮炎及足趾干裂等。

病鸡出现低糖血症，肝内糖原水平极低，生物素含量低于0.33mg/kg，丙酮酸羧化酶活性大幅下降。血清丙酮酸、乳酸、游离脂肪酸的含量增加，丙酮酸羧基酶和脂蛋白酶活性下降。

三、病理变化

本病的病理变化主要在肝脏和肾脏。病鸡肝脏苍白、肿胀，在肝小叶外面有出血点。肾脏肿胀，呈多样颜色，脂肪组织呈淡粉红色，与脂肪内小血管充血有关。嗉囊、肌胃和十二指肠内含有黑棕色出血性液体，有恶臭味。

组织学检查可见肝肾细胞内脂肪含量是正常雏鸡的2~5倍，肾脏及其近曲小管肿胀，近曲小管上皮细胞胞浆呈颗粒状，毛刷的边缘常断裂，用过碘酸雪夫染色力不强。心肌纤维也可见脂肪颗粒，其他组织的镜检变化不明显。

四、发病机制

大多数学者认为该病主要是由生物素缺乏引起的。生物素是体内许多羧化酶的辅酶，是天冬氨酸转氨酶、苏氨酶、丝氨酶、脱氨酶的辅酶，在丙酮酸转变为草酰乙酸，乙酰辅酶A转变为丙二酸单酰辅酶A，丙酰辅酶A转变为甲基丙二酸单酰辅酶A等反应中都需要生物素作为辅酶，因此，其对体内脂肪合成起重要作用。患脂肪肝和肾综合征的鸡血糖浓度下降，血浆中丙酮酸和游离脂肪酸水平升高，肝脏中肝糖原水平降低，肝脏内需要生物素为辅酶的丙酮酸羧化酶、乙酰辅酶A羧化酶、三磷酸腺苷枸橼酸裂解酶等脂肪、糖代谢中的限速酶，其活性均有降低，糖原异生作用也降低，导致肝、肾细胞脂肪蓄积。

五、诊断

根据患病鸡突然表现嗜睡、全身麻痹等主要的特征性临床症状，结合剖检病理变化，根据发病鸡的日龄、品种及致病因素等进行综合分析诊断。

六、防治

日常应加强对鸡的饲养管理，特别要注意给鸡配合全价的日粮饲料。另外针对病因，调整日粮成分及比例，增加日粮中蛋白质或脂肪含量，给予生物素利用率高的玉米、豆饼之类的饲料，降低小麦的比例。在平时应尽量减少对鸡群的刺激以免产生应激反应诱发本病。在配合饲料中添加适量的氯化胆碱和生物素，能有效预防本病的发生。必要时可按每千克体重补充0.05 ~ 0.1mg的生物素，经口投服，或每千克饲料中加入0.1 ~ 0.2mg生物素。

第九节　禽痛风

禽痛风是由于禽尿酸产生过多或排泄障碍导致血液中尿酸含量升高，以尿酸盐形式沉积于关节囊、关节软骨、软骨周围、胸腹腔及各种脏器表面和其他间质组织中的一种代谢性疾病。在家禽养殖中，为提高家禽的产蛋量或生长速度，饲养者多采取集约化养殖的方式，给予高蛋白、高钙饲料饲喂，以致禽痛风发病率逐年上升。该病是常见的禽病之一，可见于多种禽类，常呈群体发生，有较高的发病率和病死率。

一、病因

引起禽痛风的原因很多，归纳起来可分为两类：一是体内尿酸生成太多，二是尿酸排泄障碍。后者可能是尿酸盐沉积症中更重要的原因。

（一）尿酸生成过多

禽类动物肝脏中没有精氨酸酶，蛋白质不能通过鸟氨酸循环转化为尿素排出体外，而只能通过嘌呤核苷酸循环形成嘌呤，到肝脏时，嘌呤代谢产物黄嘌呤又在黄嘌呤氧化酶的作用下，被氧化成尿酸排出体外。饲料中蛋白质含量过高，尤其是富含核蛋白和嘌呤碱的蛋白质含量太多，可产生过多尿酸。如用动物的胸腺、胰腺、肝、肠、肾、脑、肉屑、鱼粉、大豆粉、豌豆等作为蛋白质来源，而且占的比例太高。当鱼粉用量超过8%，或尿素含量达13%以上，饲料中粗蛋白含量超过28%时，由于核酸和嘌呤的代谢终产物尿酸生成太多，引起高尿酸血症，进一步导致尿酸盐沉积引发痛风。

嘌呤代谢过程中，嘌呤利用障碍、嘌呤氧化酶的活性改变等都是尿酸生成增加的主要原因。参与核苷酸和游离嘌呤转化为尿酸过程的酶较多，据研究报道，其中四种酶与血尿酸增高密切相关，包括1-焦磷酸-5磷酸核糖合成酶（PRS）、磷酸核糖焦磷酸酰胺移换酶（PRPPAT）、黄嘌呤氧化酶（XOD）、次黄嘌呤-鸟嘌呤磷酸核糖转移酶（HGPRT）。XOD是负责尿酸生成的关键酶，为控制尿酸浓度的主要靶点。

（二）尿酸排泄障碍

肾脏是禽体内尿酸代谢最重要、最关键的器官，它不仅是禽类尿酸生成的场所之一，也是尿酸排泄的唯一通道。禽类尿液中的尿酸约占总氮的80%，主要通过肾近曲小管的分泌作用而排出。引起尿酸排泄障碍的原因多与肾功能损伤有关。凡能引起肾功能损伤的病原微生物，如传染性支气管炎病毒、传染性法氏囊病毒、产蛋下降综合征病毒、雏白痢、传染性盲肠-肝炎病毒等均可引起肾脏损伤而造成尿酸盐排泄受阻，导致痛风发生。某些中毒性因素，如重金属中毒、磺胺类药物中毒和黄曲霉素中毒等，可直接损伤肾脏，引发痛风。禽日粮中长期缺乏维生素A，可导致肾小管和输尿管上皮细胞代谢障碍，造成尿酸排出受阻；饮水不足或食盐摄入过多，导致尿液浓缩，尿量减少，也会导致尿酸排泄障碍；饲料中钙过多、磷不足，钙沉积，形成肾结石，导致排尿不畅。由于以上因素导致了肾损伤，造成尿酸排泄功能障碍，最终导致痛风。但并非所有肾损伤都能引起痛风，如肾小球肾炎、间质性肾炎一般很少伴发痛风。

二、发病机制

禽尿酸产生过多或排泄障碍导致血液中尿酸含量升高，体内尿酸大量蓄积，可使血液中的尿酸水平达100~160mg/L（正常为15~30mg/L）。由于尿酸在水中溶解度小，当血浆尿酸量超过64mg/L时，尿酸会以尿酸盐形式沉积在内脏、关节等表面，引起一系列临床症状和病理变化。由于家禽肝脏缺乏尿素合成酶-精氨酸酶，不能将氨转变成尿素，其蛋白质代谢产物只能通过嘌呤核苷酸合成和分解途径，以尿酸的形式排泄。肾脏是禽体内尿酸代谢的关键器官，尿酸的分泌和重吸收是涉及肾脏尿酸排泄的两个主要过程，它们直接影响体内的尿酸水平。一些尿酸转运蛋白参与了近端肾小管对尿酸的重吸收和分泌，其中表达在肾小管上皮细胞刷状缘侧膜的尿酸-阴离子转运体1（URAT1），负责将尿酸重吸收进入肾小管上皮细胞；葡萄糖转运体9（GLUT9）负责将重吸收至上皮细胞内的尿酸转运至肾间质。而表达在基底侧膜的有机阴离子转运蛋白1（OAT1）和有机阴离子转运蛋白3（OAT3）可将尿酸从管周毛细血管运输到肾小管上皮细胞内，这一过程是尿酸分泌重要的一步。这些尿酸转运蛋白可作为治疗高尿酸血症和痛风药物的直接靶点。

三、临床症状

本病多呈慢性经过，病禽精神沉郁，食欲下降，逐渐消瘦，冠苍白，羽毛蓬乱，行动迟缓，不自主地排出白色黏液状稀粪，排白色尿酸盐尿。生产中以内脏型痛风为主，关节型痛风较少。

内脏型痛风：病禽主要表现为精神沉郁，厌食，衰弱，贫血，消瘦，冠苍白，胃肠道紊乱，排出白色黏液性稀便，且含有多量尿酸盐。病情严重的极度脱水，皮肤干燥，爪部皮肤干燥无光，衰竭，陆续死亡。解剖可见心脏及包膜、肝包膜、脾脏、肾脏、腹膜有大量尿酸盐沉积，可见肠浆膜面白色石灰样尿酸盐沉积，肾脏肿大，呈菜花状，输尿管扩张，管内有大量尿酸盐沉积，胆汁黏稠，可见大量尿酸盐结晶。

关节性痛风：呈慢性经过，病禽食欲下降，羽毛松乱，表现为腿、足和翅关节肿胀、疼痛，病禽往往呈蹲坐或独爪站立姿势，行动迟缓，跛行。发病初期关节肿胀界线不明显，软而痛；中期肿胀部逐渐变硬，形成豌豆大小的结节；后期结节软化破裂，排出灰黄色干酪样物，形成出血性溃疡。解剖可见关节肿胀变形，关节腔内充满乳白色尿酸盐，腿部肌肉有尿酸盐沉积。

四、病理变化

痛风的临床病理学变化主要是高尿酸血症，血液中尿酸水平持续升高至150mg/L以上，甚至可以达到400mg/L，家禽血液中非蛋白氮的含量也会随之增加，导致家禽出现嗜肾株感染，血清尿酸、肌酐含量升高，钠、钾浓度降低，并伴随家禽脱水，血液的pH降低。

剖检变化：内脏型痛风最典型的变化是在内脏浆膜上（如心包膜、胸膜、肝脏、脾脏、肠系膜、气囊和腹膜表面）覆盖有一层白色的尿酸盐沉积物。肾脏肿大、色苍白，表面有雪花状花纹，肾实质及肝脏有白色的坏死灶，其中有尿酸盐结晶。组织学变化主要集中在肾脏，肾小球肿胀，毛细血管内皮细胞坏死，肾小囊囊腔狭窄，近曲及远曲小管上皮细胞肿胀，出现颗粒变性，部分核浓缩、溶解。关节型痛风主要变化在关节，切开关节囊，内有膏状白色尿酸盐沉着，因尿酸盐刺激常引起关节面溃疡及关节囊坏死。

五、诊断

根据跛行、关节肿大、关节腔或胸膜腔有尿酸盐沉积，可做出诊断。可采集病禽血液检测尿酸含量，或采集腿、肢肿胀处的内容物做显微镜观察，见到尿酸盐结晶。

六、防治

（一）预防

由于禽痛风的发病原因多且复杂，针对病因采取对应的预防和干预措施是最有效的防治方法。①营养性因素是导致禽痛风发生的关键因素，参照家禽生长发育和生产需要，合理调配饲料，确保日粮中各成分的比例恰当适宜。尤其关注饲料中蛋白质含量、钙磷比例、充足的维生素，供给充足的饮水。②饲料应存放于低温、干燥环境中，避免饲料因高温、潮湿而发霉变质，防止禽类摄食含有霉菌毒素等的饲料导致中毒从而诱发痛风。③饲养时忌大量密集饲养，保持禽舍清洁、通风、温湿度适宜、定期消毒，针对传染病致病因素，严格免疫程序，防止禽类发生肾型传染性支气管炎、传染性法氏囊病等传染性疾病。一旦鸡群感染立即按剂量、疗程投药治疗，但不宜为防传染病长期添加磺胺类、链霉素和庆大霉素等对肾脏有损害的药物。

（二）治疗

别嘌呤醇可通过抑制黄嘌呤氧化酶阻断黄嘌呤、次黄嘌呤向尿酸的转化，从而减少尿酸的生成。别嘌呤醇能降低肉鸡的痛风发病率，提高增重速度，且别嘌呤醇可由尿排出，在畜产品中的药物残留量也较低。丙磺舒属促进尿酸排泄药，对慢性痛风疗效佳；辛可芬可用于治疗急、慢性痛风。在饮水中添加5%的食用碱或者小苏打，可加速机体排出尿酸盐。通过调节病禽体内酸碱平衡也可治疗痛风，饲料中添加铵盐类可减少尿酸盐结晶的形成。地塞米松是一种人工合成的皮质类固醇，能增强禽肝脏中蛋白分解酶的活性，减少尿酸及尿酸盐的沉积。

第十节　瘤胃酸中毒

瘤胃酸中毒是由于饲喂动物大量含有易发酵碳水化合物的饲料，导致集中饲养的家畜发生急性消化不良的代谢性疾病。本病多发于以高精饲料喂养的牛，其他反刍动物如绵羊、山羊、骆驼也常现此病。瘤胃酸中毒的后遗症包括蹄叶炎、瘤胃溃疡、肝脓肿和血栓栓塞性呼吸系统疾病。

一、病因

饲养管理不当、饲料中谷物过度加工、日粮水分变化或动物种群内部对饲料的过度竞争等因素均可导致该病发生。对动物过量喂食快速发酵性碳水化合物，是导致临床瘤胃酸中毒的关键原因。这些碳水化合物迅速发酵导致乳酸中毒，使动物发生脱水、精神沉郁等症状。

二、临床症状

急性瘤胃酸中毒的症状根据采食量、采食时间和生理紊乱的严重程度而有所不同，主要分为亚急性、急性和过急性3种类型。在亚急性病例中，受病症影响的动物仍保持警觉且反应灵敏，但可能有短暂的厌食和轻度至中度脱水的迹象。在此病程中，瘤胃蠕动减少，但腹泻和腹痛症状不一致。哺乳期动物的产奶量往往会减少。在某些情况下，流产、死胎和早产可能是观察到的唯一迹象。在急性病例中，可发现患病的动物行动迟缓和运动失调。瘤胃通常表现为膨胀，听诊时可听到瘤胃内液体的晃动，伴有腹部鼓泡。瘤胃收缩由弱至无，且会出现厌食症，并伴有大量水样、恶臭的腹泻。可能是由于含有少量未消化的谷物，粪便通常呈灰色，有时粪便中可能会出现血迹。在疾病的早期，直肠温度持续升高，随着临床进展，会出现低体温症。许多病例存在心动过速和呼吸过速。出现脱水和/或低血容量，表现为眼睛向眼眶下沉，皮肤肿胀和毛细血管再充盈时间延长，颈静脉充盈延迟，周围脉搏微弱，肢冷。该病的神经系统表现在许多病例中可见，包括钝感、失明、头部压迫、角弓反张和步态改变。另外，眼睑反射抑制的程度与D-乳酸酸中毒的严重程度有相关性，该检测可能有助于对疾病的严重程度进行分类和监测治疗效果。在过急性的疾病中，动物可能出现死亡，很少或没有先兆症状。有时可见动物躺卧，头部缩在侧面，处于昏迷状态。在这些严重的病例中，预后通常很差，几小时内就会死亡。

三、病理变化

正常的瘤胃液应为橄榄或棕绿色，稍黏稠并有芳香气味。在有酸中毒的动物中，瘤胃液可能呈乳灰色，带有腐臭气味和水状稠度。粗粮饲喂的动物瘤胃pH应为6～7，而高谷物饲喂的动物瘤胃pH可为5.5～6。显微镜下，酸中毒动物的瘤胃液中原生微生物的数量和活性降低。革兰氏染色可用于评估细菌多样性，并可能提示革兰氏阴性菌向以革兰氏阳性菌为主的菌群转移。全血细胞计数常表明脱水和全身炎症的迹象。通常，急性瘤胃酸中毒的动物会出现红细胞增多和中性粒细胞减少并出现核左移。在长期患病的动物中，可以看到伴有高纤维蛋白原血症的中性粒细胞增多症。血清或血浆生化指标有助于评估器官功能、电解质和酸碱稳态，并确定预后方案。生化变化取决于疾病持续时间和严重程度，包括氮血症、高氯血症、高磷血症、肝酶升高、高钾血症、轻度低钙血症和代谢性酸中毒。酸中毒反刍动物血浆pH降低，阴离子间隙升高，碱过量减少。在许多情况下，会出现血浆乳酸浓度升高。

四、发病机制

瘤胃细菌可消化淀粉和糖类，从而增加碳水化合物发酵的速率。在正常动物中，瘤胃缓冲能力和挥发性脂肪酸（VFAs）吸收与碳水化合物发酵速率相匹配。瘤胃内的pH保持在5.6～6.9之间的正常范围内。然而，当VFAs和乳酸的产量超过吸收率时，瘤胃pH开始下降，VFAs和乳酸在瘤胃液中的浓度增加，随后被吸收到体循环中。尽管许多微生物与此病的发展相关，但与临床症状进展密切相关的细菌是牛链球菌。由于牛链球菌的分裂速度快，单位时间内能够产生更多的ATP，并且耐受pH<5.5的环境，被认为是产酸和使症状恶化的根本微生物。然而，牛对pH<4.5不耐受。随着pH的降低，牛链球菌产乳酸量减少，使其生长缓慢。此时，乳酸杆菌成为瘤胃内的优势微生物，进一步降低了瘤胃的pH。在瘤胃中产生的乳酸有两种手性形式：D和L。L异构体由哺乳动物和微生物细胞产生，而D异构体主要由微生物产生。L-乳酸很容易被哺乳动物的心脏和肝脏组织代谢。D-乳酸的代谢不如L-乳酸，并在循环中积累。因此，临床瘤胃酸中毒更合适的术语是急性D-乳酸酸中毒。事实上，VFAs是比D-乳酸或L-乳酸弱得多的酸，在瘤胃液中起缓冲作用。许多VFAs处于非解离状态，增加了其进入体循环的吸收。尽管如此，足够的乳酸被前胃和更远端的消化道吸收，从而导致酸血症。此外，许多VFAs通过瘤胃壁转化为乳酸，进一步增加血液中的酸负荷。并且，随着瘤胃pH的进一步下降，乳酸开始成为瘤胃中的主导有机酸。酸性瘤胃环境中产生VFAs的微生物数量的减少和丙酮酸脱氢酶活性的提高促进了乳酸的进一步积累。D-乳酸和L-乳酸具有腐蚀性，可导致瘤胃上皮严重损伤。

此外，乳酸和VFAs具有渗透活性。增加的瘤胃渗透压可降低乳酸和VFAs的吸收，形成一个循环，使这些化合物积累和pH持续下降。随着这些化合物的不断积累和瘤胃液渗透压的进一步增加，瘤胃液上皮进一步被破坏。抗高酸性环境的酵母和真菌容易在裸露的部位定植，并促进了真菌性瘤胃炎和乳腺炎的发展。

此外，坏死性梭杆菌等微生物能够侵入血液并扩散到肝脏。事实上，瘤胃酸中毒被认为是反刍动物肝脓肿发生的诱因之一。除了对瘤胃的影响外，这些制剂的渗透压通过将液体从循环引入瘤胃而引起全身脱水和低血容量，导致组织灌注减少。循环血容量的损失导致心血管衰竭，肾灌注减少和无尿。外周循环减少也会导致细胞无氧代谢和全身性酸中毒。除了乳酸外，瘤胃微生物还会产生许多对多个器官系统有害的化合物，包括内毒素和组胺。即使在正常状态下，内毒素也可以在瘤胃内容物中发现，此时，内毒素的存在对动物没有负面的系统性影响。然而，在浓缩日粮饲喂的动物体内，内毒素的浓度会增加。如果瘤胃发生急性酸化，瘤胃液中的酸性环境会导致微生物死亡，同时大量释放内毒素。

除了内毒素外，组胺也在酸性瘤胃中积累。在以粗饲料为基础的饲料喂养的动物中，产生组胺的微生物很少。然而，它们会在食用浓缩饲料的牛体内迅速繁殖，在强酸性环境中更是如此。健康的瘤胃壁不能吸收组胺。当瘤胃上皮受损，如酸中毒时，组胺可通过瘤胃壁和小肠吸收进入体循环。组织胺被认为具有系统性的作用，可能进一步加剧急性酸中毒的症状，包括血管舒张和动脉收缩，并增加血管通透性。

上述因素的综合效应会引起血管肿胀、出血，甚至破裂，导致血压升高和水肿。流向蹄内组织的血液中断可导致局部缺血和真皮损伤，最终引起反刍动物酸中毒，最常见的后遗症之一为蹄叶炎。蹄炎常见于牛和绵羊的酸中毒，但在山羊中较少。轻度酸中毒时，动物会经历一段短期的跛行，在酸中毒缓解后就会消失。然而，严重急性病例的动物可能有更严重的病变，而亚急性酸中毒的动物可能由于蹄组织的长期损伤而发展为亚临床或慢性病变。

五、诊断

临床瘤胃酸中毒的诊断是基于对有害饲料的接触史、临床症状和辅助诊断试验，特别是瘤胃液分析基础之上的。多种诊断试验可用于评估动物瘤胃酸中毒。瘤胃液分析、全血细胞计数、血清或血浆生化谱、血气分析和尿液分析都可用于确诊、评估疾病严重程度和生理紊乱。这些辅助诊断试验可用于确定单个动物的预后和患畜需要的治疗措施。瘤胃液分析是最有效的诊断试验之一，适用于任何怀疑有瘤胃酸中毒的动物。瘤胃液可通过胃管或瘤胃穿刺术收集。收集后应立即评估液体的颜色、稠度、气味、pH和微生物活性。临床瘤胃酸中毒通常被认为是前胃发酵失调最突出的表现，当瘤胃中积累过多的有机酸，导致瘤胃液pH<5.2时，就会发生临床瘤胃酸中毒。因此，还需彻底检查身体各个系统以排除其他疾病综合征。

六、防治

（一）预防

对于使用高浓缩饲料的动物，应限制容易消化的饲料。避免突然改变饲料，如果要改变，也应逐步进行，因为瘤胃微生物对新饲料的适应可能需要数周时间。圈舍的空间必须足够，让所有动物在没有过度竞争的情况下采食饲料。如果动物是用自动喂食器喂养的，就必须确保有足够的粗饲料，并逐渐增加饲料。此外，监测自食动物的饲料水平是很重要的，以确保动物不会变得过度饥饿，并在再次饲喂时狼吞虎咽。如果使用得当，离子载体抗菌剂、碳酸氢盐和石灰石等饲料添加剂可能降低疾病的严重程度和发病率。

（二）治疗

患有轻微临床疾病的动物可能在很少或没有特别护理的情况下康复。在有较严重临床疾病的动物中，有必要进行特异性治疗，重点是纠正血浆容量不足，评估和治疗瘤胃和全身酸碱紊乱，恢复正常瘤胃微环境，以及治疗/预防潜在的继发性并发症。在患有严重临床疾病的动物中，应使用平衡的电解质溶液来替代补充液体，并提供维持液体需要。可用7.2%的高渗生理盐水（HS）可以4mL/kg的剂量给药，持续约10min。使用5%的$NaHCO_3$溶液，以450kg的动物为例，在30min内给药5L，然后将1.3%的$NaHCO_3$按体重以150mL/kg的比例给药持续6～12h。$NaHCO_3$（8.4%）应以每千克体重5mL的速度给药，持续10～20min。与HS溶液一样，在静脉口服给予等渗液后，给予8.4%的$NaHCO_3$，以进一步扩大容量，延长疗效。

瘤胃微环境的恢复包括去除酸性瘤胃内容物、注入瘤胃缓冲液和输血。瘤胃异常内容物的清除可以通过瘤胃切开或瘤胃灌洗完成。应根据病情的严重程度、恢复的机会和动物的经济价值，决定是否进行瘤胃切开术以清除酸性瘤胃内容物。对于具有高经济价值的严重感染动物，瘤胃切开术是一种非常有效的治疗方法。在病情较轻或经济价值较低的动物中，可通过大口径胃管用温水反复冲洗瘤胃来去除酸性瘤胃内容物。利用这种技术，大量的水被泵入瘤胃，通过压力和重力使瘤胃内容物流出。接受过瘤胃手术或者瘤胃灌注的动物，应该用正常饮食的供体的瘤胃液进行菌群移植。在大型反刍动物中给药剂量为3～10L，在小型反刍动物中，2～4L的瘤胃液即可。在未进行瘤胃切开或灌洗的动物中，也可口服缓冲液。氢氧化镁溶液优于$NaHCO_3$，因为将$NaHCO_3$置于强酸性环境中会导致二氧化碳的释放，并可能导致膨胀。氢氧化镁应以每千克体重1g的剂量给予，并溶于足够的水中，以确保其在瘤胃内扩散。

第十一节　瘤胃碱中毒

瘤胃碱中毒是一种消化功能障碍性疾病。发病原因为饲养管理不当，使动物食入大量的富含蛋白质，缺乏粗纤维、碳水化合物的饲料，导致瘤胃内异常发酵产生大量的游离氨，瘤胃内pH增高，最终瘤胃内发生菌群失调。此病可见于各种反刍动物，其中以奶牛多发，肥育肉牛、奶山羊及1~2岁犊牛中也有发病报道。

一、病因

此病主因是瘤胃内发酵异常，产生过多的氨，导致瘤胃内的微生物平衡被打破，最终造成动物发病。在奶牛提高泌乳性能或为了缩短肉用牛群肥育周期期间，在饲养过程中有意过多饲喂富含蛋白饲料后，瘤胃内异常发酵，使其中蛋白腐败分解过程占优势，产生大量氨，瘤胃液pH升高（7.5～8.5），游离氨含量升高，由瘤胃壁吸收进入血液而发病。反刍动物日粮中碳水化合物饲料缺乏或者缺乏粗纤维饲料的情况下，营养比例失调，代谢紊乱，氨的吸收受阻，从而使瘤胃内蓄积大量的氨和过多的丁酸（约占32%）。过饲尿素及非蛋白氮添加剂也可使瘤胃内氨含量增多。此外，饲养卫生条件不良的情况下，动物由于饮用不清洁的水，采食污秽变质饲料、腐败的槽底残食、酸败的脱脂奶，舔吮粪尿污染的墙壁、地面，均会使微生物（大肠埃希菌和大肠变形杆菌群）进入瘤胃且大量增殖，进而加剧腐败过程而诱发本病。

二、临床症状

瘤胃碱中毒的临床特征包括瘤胃内容物碱化，游离氨增多，脱水，多尿，高氨血症以及产奶量下降，步态不稳，肌肉震颤，痉挛，呼吸浅而慢，以致神经兴奋性增高的症状和短急病程。不同家畜的临床表现取决于病因、氮质的摄入量、游离氨生成的数量和速度，以及动物个体的耐受性和肝脏的解毒功能。一些动物个体在临床上多呈亚急性或慢性，仅出现消化不良症状、腹泻等症状而被忽视治疗。当瘤胃内容物腐败分解过程加剧时，才进入病程加重阶段，如食欲减退，瘤胃蠕动减弱，逐渐消瘦，泌乳量明显减少，乳脂率降低，口腔散发出恶臭的腐败味，精神沉郁，昏睡甚至昏迷，排稀软粪便甚至恶臭水样稀粪。有的病牛全身肌肉痉挛，尤其产后的母牛，站立困难，多被迫横卧地上，眼球震颤，角弓反张，昏睡后不久多数死亡。

三、病理变化

摄入过多的豆类或高蛋白饲料导致碱中毒的情况较少。碱中毒会导致瘤胃pH呈碱性，尿和血的pH升高，偶尔也会出现酸尿，触诊瘤胃内积有大量液体。动物死亡的直接原因是高血钾所致的心性休克和呼吸停止。急性瘤胃碱中毒多出现心力衰竭和肺水肿。

四、发病机制

反刍动物的瘤胃是一个天然发酵罐，定植于此的微生物具备水解各种含氮类物质的能力，并能利用非蛋白氮所提供的氨，以及瘤胃内的碳水化合物合成氨基酸和蛋白质。在正常情况下，饲料中的蛋白质和微生物进入真胃，其中可溶性蛋白质和微生物的体蛋白被分解为氨基酸，经小肠吸收。在瘤胃中，蛋白质水解过程中未被微生物吸收且利用的游离氨不多，经瘤胃上皮弥散吸收入血，经肝脏转变为尿素排出体外。一部分经瘤胃、网胃黏膜分泌进入瘤网氨池，反复被微生物利用。瘤网胃池内的游离氨毒性的强弱主要取决氨的含量和瘤胃内容物的酸碱度。在高蛋白饲喂时，饲料中大量的可溶性蛋白质在瘤胃内分解形成氨基酸，通过脱氨基作用，转变成酮酸和游离氨。由于氨气在动物瘤胃内大量形成，使瘤胃内有益微生物的数量减少甚至完全消失。游离氨急剧增加后大量进入血液，超过肝脏合成尿的能力，进而导致高氨血症。高蛋白饲料所引起的瘤胃碱中毒是一个由酸血症转入以高氨血症为主的代谢性碱中毒的过程。

五、诊断

瘤胃液pH升高到7.5以上，有时可达8.5。游离氨含量高达46.96mol/L，血液pH降低。没有明显的腐败现象，但有时呈现氨气臭味。镜检纤毛虫数量减少，活性低下。乳脂含量降低。

六、防治

严格按饲养标准调整饲料配方，防止大豆或高蛋白饲料过量饲喂导致碱中毒。治疗可一次灌服1000～5000mL的食醋来中和胃内碱性环境。用健康牛的瘤胃液2～5L接种，也可改善病症。暂停蛋白质饲料供给量，适当添加糖稀、大头菜、青割谷类、优质干草。采用含有大量氯化物的电解质缓冲液治疗，如林格氏（Ringer's solution），24h给予量为30～50L。在此期间，不应该再使用碳酸氢钠。撤走所有精料，仅供给干草饲料。

第十二节　矿物质元素缺乏和过量

介于当前畜禽工厂化养殖和饲料精准配方技术以及犬猫全价日粮的普及，本书对动物因某种矿物质元素和维生素缺乏导致的代谢病（缺乏症）和过量导致的代谢病（中毒症）不做详细叙述，只列出缺乏和过量症状以及易发动物。一般出现缺乏症者，除需及时补充相应营养物质外，还需及时纠正日粮配方或改变不合理的饲喂习惯（犬猫）。出现中毒症者，需及时就医进行针对性处置。

一、钙和磷

（一）缺乏症状

常表现为食欲减退、消化不良、异食癖；骨骼变形，跛行，四肢呈罗圈腿或八字形外展，骨关节疼痛，步样强拘，后躯摇摆，经常卧地，不愿起立。发育停滞、消瘦。下颌骨增厚，出牙期延迟，齿形不规则。齿质钙化不足，凸凹不平，有沟，有色素沉着，常排列不齐，齿面易磨碎不平整，严重时口腔不能闭合，舌突出，流涎，吃食困难。骨脆弱，易骨折，骨密度下降，骨皮质变薄。

猪：缺钙仔猪表现为跛行，食欲减损，异嗜，生长迟缓，精神沉郁，喜卧。后期不能站立或起立困难，颤抖，前肢肘部外展呈O形，后肢外观呈八字形，跖部呈熊掌状，拱背，额骨用针易于刺入。缺磷仔猪发病早，呈现颤抖，生长受阻甚至停滞。后期病猪极度瘦弱，肋骨明显，可触摸到肋骨串珠，衰竭死亡。

产蛋鸡：表现为腿肌无力，站立困难，常伴有脱水和体重下降，躺卧或蹲卧不起，易骨折。

牛：表现为生产瘫痪，躺卧母牛综合征、母牛血红蛋白尿，部分母牛产生蹄病，腱滑脱，呈犬坐姿势。

犬猫：初期表现不明显，只不爱运动。犬逐渐发展表现关节肿胀，四肢变性，呈X形或O形肢势，跛行；头骨、鼻骨肿胀，硬腭突出，易发龋齿和脱落。病猫逐渐发展表现跛行和轻瘫。

（二）过量/中毒症状

钙过量：高钙血症，钙的异位沉着（肠结石、胆结石、肾结石、膀胱结石、尿道结石、胰结石、涎结石、禽肾病），内脏痛风，尿酸钙沉着，尿石症、甲状旁腺重量减轻，活性降低。

磷过量：牛、羊的尿结石，纤维性骨炎，骨质疏松症。

二、镁

（一）缺乏症状

常表现为强直性和阵发性肌肉痉挛、惊厥、呼吸困难、急性死亡。

鸡：雏鸡表现骨小梁增粗、软骨核沉积增加，干骺端骨细胞伸长且无活性等异常。

鸭：骨皮质变厚，存在伸长的无活性骨细胞，干骺端哈佛氏管变大，但骺板结构正常。

牛、羊：耳朵不停扇动，体温正常，脉搏加速，感觉过敏，肌肉阵发性痉挛。出现头颈震颤，角弓反张、共济失调，但不出现抽搐。此后出现大肌肉震颤，蹬踢腹部、口唇有白沫和四肢强直。最后出现以跺脚、头回缩、大声咀嚼和跌倒开始，接着出现牙关紧闭、呼吸停止、四肢强直和痉挛。

犬猫：发育迟缓，肌肉无力，指尖缝隙增大，腕关节和跗关节过度伸展，过敏症，痉挛，软组织钙盐沉积，长骨的骨端肥大，严重时发生惊厥。

（二）过量/中毒症状

一般表现为采食量减少，生长速度下降，腹泻，甚至昏睡。

产蛋鸡：产蛋量急剧下降，沙壳蛋、软壳蛋百分率增加。

犬猫：排尿困难，血尿，膀胱炎，尿道阻塞。

三、钠、钾、氯

（一）缺乏症状

常表现为全身骨骼肌松弛，异嗜，生产能力下降。

牛：精神、体温、呼吸、排粪、排尿基本正常，食欲减退，站不起来或企图起立而爬行。

犬猫：精神倦怠，反应迟钝，嗜睡，有时昏迷。食欲不振，肠蠕动减弱，有时发生便秘、腹胀或麻痹性肠梗阻，四肢无力，腱反射减弱或消失。

（1）钠缺乏症　一般表现为异食、脱水、心率不整、肌肉虚弱、精神抑郁，严重时发展为惊厥、昏迷，甚至死亡。

鸡：表现生长停滞，产蛋量急剧下降、啄肛和体重减轻。

犬猫：表现精神沉郁，体温有时升高，无口渴，常有呕吐，食欲减退，四肢无力，皮肤弹性减退，肌肉痉挛。严重者血压下降，出现休克、昏迷。

（2）氯缺乏症　雏鸡生长、发育受阻，死亡率高，血液浓缩、脱水及血液氯含量减少。

（二）过量/中毒症状

（1）钠过量　共济失调，双腿无力，行走困难，直至完全瘫痪等神经症状。

禽：表现以共济失调、双脚无力，渴感强烈、狂饮不止为特征。

猪：一般为急性中毒，显著衰弱、肌肉震颤、瘙痒，躺卧，四肢游泳状，虚脱、昏迷致死；间歇性痉挛、抽搐、口吐白沫。

犬猫：口渴，眼球下陷，尿量减少，皮肤弹性减退，四肢发凉，血压下降。严重者发生抽搐。

（2）钾过量　干扰镁的吸收；采食量、产奶量下降，饮水量、尿量及钾排泄总量增加；抑制心肌，心脏扩张、心音低弱，心律失常甚至心室纤颤，心脏停于舒张期。

牛：病畜烦躁，出现吞咽、呼吸困难，心搏徐缓和心律失常，严重时出现松弛性四肢麻痹。

犬：表现肌无力，四肢末梢厥冷，少尿或无尿，呕吐等。

四、硫

（一）缺乏症状

禽：羽毛生长不良，舔毛、掉毛，生长缓慢、繁殖力下降，产蛋减少。

绵羊：食欲下降、消瘦、用嘴拉毛、吞食掉毛；幼畜可引起毛球阻塞。

皮毛动物：毛发生长不良，长短不齐，产毛量减少，啃食被毛。

（二）过量/中毒症状

常表现为失明、腹泻、昏迷、死亡、低磷血症、佝偻病。

五、铁

（一）缺乏症状

常表现为易疲劳、懒于运动，稍运动后喘息不止，可视黏膜色淡以致苍白、食欲减退、幼畜生长停滞、抵抗力下降，易感染及死亡。

猪：消瘦、贫血，皮肤、可视黏膜苍白。血液稀薄、水样，不凝固。肺淡红，轻度水肿，小叶间偶见实变区。心包积淡黄色液体，心体积增大，心室壁增厚。肝肿大，质地脆弱，小叶中心有灰黄色坏死斑。脾稍肿大，质坚实，小梁及白髓不显。淋巴结苍白，较坚实。骨髓红色湿润。

仔鸡：表现体重降低，羽毛粗乱、光泽差，精神迟钝。

产蛋鸡：鸡冠苍白，贫血。

犊牛/羔羊：表现为铁缺乏症，血红蛋白浓度下降，红细胞数减少，呈低染性小红细胞性贫血。

（二）过量/中毒症状

急性中毒：厌食、少尿、腹泻、体温下降、代谢性酸中毒。

慢性中毒：食欲减少、生长缓慢、饲料转化率降低。

犬：表现为厌食、体重减轻、低蛋白血症和胃肠炎。

六、铜

（一）缺乏症状

常表现为贫血、腹泻、运动失调、被毛褪色、稀疏、粗糙。

猪：表现轻瘫，运动不稳，运动失调，跗关节过度屈曲，呈犬坐姿势。

禽：贫血，淋巴细胞减少，胸腺、脾脏和法氏囊重量减轻，骨骼异常，骨质脆弱，弹性降低，易骨折。产蛋鸡产蛋量下降，蛋个数减少且蛋壳钙化异常。

牛：表现发育不良、消瘦、虚弱、被毛褪色和出现高跷样步态。新生犊牛表现为关节肿大，骨质疏松，骨脆性增加，易跌倒和自发性骨折。

羊：以后肢无力，运动失调，弛缓性麻痹，最后发展为前肢或四肢麻痹，骨质疏松，自发性骨折为特征。

鹿：营养不良，被毛粗乱，可视黏膜苍白，血液稀薄、色淡，凝固不良。

犬猫：表现骨骼弯曲、关节肿大，跛行，四肢易骨折。深色被毛宠物毛发变浅、变白，尤以眼睛周围为甚。

（二）过量/中毒症状

轻微中毒表现为食欲下降、饮欲增加、精神高度沉郁，血红蛋白尿、可视黏膜苍白或黄疸。急性中毒常表现为腹痛、腹泻、呕吐，粪中夹带大量蓝绿色黏液，严重胃肠炎症状，真胃溃疡和糜烂，很快虚脱死亡。

猪：急性中毒表现为肠胃变化，慢性中毒表现为黄疸，肝脏、肾脏和脾脏肿大。

鸡：生长不良，食欲废绝，精神沉郁，缩头，全身震颤，卧地不起，排泄铜绿色或黑褐色稀粪，常常突然死亡。

七、硒

（一）缺乏症状

一般表现为犊牛、羔羊的白肌病；猪的肝坏死和桑葚心；鸡的渗出性素质和胰腺的纤维素增生；成年马属动物以后躯麻痹、运动障碍为主，幼龄马属动物以消化不良和顽固性腹泻为特征。

仔猪：表现为肝坏死、营养性肌病和桑葚心病。

禽：病变以渗出性素质、胰腺萎缩与纤维化、肌肉组织变性、坏死和淋巴器官组织发育不良与淋巴细胞减少为特征。雏鸡表现为蓝绿色胶冻样水肿与充血。雏鸭发病快、病程短，伴有骨骼肌、心肌及平滑肌的肌病，出现严重的运动障碍、下痢、脱水和衰竭。

犊牛：坏死与钙化主要见于骨骼肌和心肌。

羔羊：病变以骨骼肌和心肌变性、坏死和肌间结缔组织增生为特征。

（二）过量/中毒症状

急性中毒常表现为腹痛、胃肠臌气、呼吸困难、运动失调、黏膜发绀、呼出气体有明显大蒜味。亚急性中毒常表现为视力下降、盲目游荡、食欲降低、体温正常至下降，喉和舌麻痹、吞咽障碍。慢性中毒常表现为脱毛、蹄壳变形和脱落。

猪：明显消瘦，发育迟缓，全身脱毛，皮肤粗糙，蹄壳开裂，眼神呆滞，呕吐，昏迷等。

禽：初期食欲减退或废绝，精神不振，行动呆滞，在后背部和尾部出现条状脱毛，毛根尚存。中后期羽毛粗乱，脱毛区扩大，颈部出现片状脱毛，出现死亡。

牛、羊：常见急性硒中毒，呼气带有大蒜味。

马：常见慢性硒中毒，表现马鬃和马尾长毛脱落，蹄部溃疡和畸形，跛行。

八、锌

（一）缺乏症状

常表现为生长停滞、饲料利用率低、皮肤角化不全、骨骼发育异常、繁殖功能障碍。

猪：腹下和大腿内侧的皮薄的皮肤上，先出现红斑，发展为丘疹，最后表现为一种灰棕色、干燥、隆起的鳞屑痂。

鸡：羽毛发育不良，跗部和趾部皮肤初期出现红斑，继而肿胀，随后角化皮肤在深的裂隙处隆起，有大量角质鳞片，干燥无光，多呈银灰色。长骨短粗，关节肿大，步态异常。

犊牛：食欲减退，生长缓慢，皮肤粗糙、增厚、起皱，甚至出现裂隙，皮肤角质化增生和掉毛，受影响体表可达40%，在嘴唇、阴户、肛门、尾端、耳郭、后跟的背侧膝部、腹部、颈腹最明显。母牛健康不佳，生殖功能低下，产乳量减少，乳房皮肤角化不全，易发生感染。运步僵硬，蹄冠、关节、肘部、膝关节及腕部肿胀，膝关节软肿，患处掉毛牙周出血，牙龈溃疡。

羊：绵羊羊毛变直、变细，易脱落，皮肤增厚，皲裂。羔羊生长缓慢，流涎，跗关节肿胀，眼、蹄冠皮肤肿胀、皲裂。公羊羔睾丸萎缩，精子生成完全停止。山羊表现生长缓慢，摄食减少，睾丸萎缩，被毛粗乱，脱落，在后躯、阴囊、头、颈部出现皮肤角质化增生，四肢下部出现裂隙、渗出。

（二）过量/中毒症状

一般表现为食欲降低和腹泻。

鸡/火鸡：剖检见胸腺、脾脏、法氏囊萎缩，体积明显缩小。

鸭：病变明显，主要见于骨骼肌和消化系统。骨骼肌失去正常色泽、无光，呈白色或灰白色，外观似蜡样，用手指按压缺乏弹性，以腿部肌肉病变明显。消化系统表现肌胃角质层粗糙、易剥离，切面见平滑肌色淡、呈灰白色；腺胃、肌胃至大肠，整个消化道充满黑褐色煤焦油状内容物。

九、碘

（一）缺乏症状

常表现为甲状腺肿大、生长发育缓慢、脱毛、消瘦、贫血、流产、死产。

猪：地方性甲状腺肿，腺上皮弥漫性增生，胶性甲状腺肿上皮细胞变化，结节与周围腺组织境界不清，并常因局部出血及坏死后的机化而导致纤维化。

犊牛：犊牛生长缓慢，衰弱无力，全身或部分脱毛，骨骼发育不全，四肢骨弯曲变形致站立困难，严重者以腕关节触地。皮肤干燥、增厚粗糙。有时甲状腺肿大，可压迫喉部引起呼吸和吞咽困难，最终由于窒息死亡。

羊：头、颈、胸部皮下胶冻样水肿。甲状腺多呈紫红色或砖红色，程度不同地肿大，左右两叶基本对称，呈椭圆形或肾形，质地实在，切面湿润。肿大的甲状腺周围多有胶冻样水肿。

（二）过量/中毒症状

常表现为食欲降低、生长缓慢和甲状腺肿大。

家禽：采食量减少、委顿、闭目、缩颈、步态不稳、口腔黏液增多，十二指肠出血，肝脏和肾脏肿大、充血，脑轻度水肿。

十、锰

（一）缺乏症状

常表现为生长缓慢、骨骼发育异常、繁殖功能障碍。

猪：引起骨生长缓慢，肌肉虚弱，肥胖，发情减少，无规律性，甚至不发情。腿虚弱，前肢弯曲，缩短。

家禽：雏鸡表现为跛行、胫跗关节肿大；腿外翻或内收，多为一侧性，也有两侧性发生，但以单侧性外翻多见；双腿同时外翻站立时如同O形，双腿同时内收时呈"X"状，有时见一侧内收，而另一侧外翻等畸形。严重者骨短粗，胫骨远端和跗骨近端扭曲，腓肠肌腱或跟腱从髁间沟中滑出，病鸡跗关节着地、拖腿向前移行，采食、饮水困难，最终因饥饿、消瘦而死亡。产蛋鸡的产蛋率下降。雏鸭发育异常，生长缓慢，并表现出典型的滑腱症，即胫关节异常肿大，胫骨远端和骨近端向外弯转，最后腓肠肌腱或跟腱滑脱。当双腿同时患病时，病鸭蹲于跗关节上，不能站立，最后因无法采食或饮水而死亡。

犊牛：骨、关节先天性变形，生长不良，被毛干燥，褪色，钩爪，哞叫，肌肉震颤及至痉挛性收缩，关节扩大，腿拘曲，运动障碍。

羔羊：长骨变短，虚弱，关节疼痛，不愿移动，瘫痪。

（二）过量/中毒症状

常表现为神经系统、肺脏、肝脏、心血管及生殖器官等毒性作用。中毒较轻时，口腔、咽部和舌染成黄褐色，流涎、呕吐、腹痛；中毒较重时，口腔、咽部、食道和胃肠道黏膜急性炎症，黏膜水肿、溃烂、疼痛和腹泻，甚至喉头水肿而呼吸困难。

鸡：引起生长缓慢，血红蛋白含量下降，神经过敏，且出现死亡。

十一、钴

（一）缺乏症状

一般反刍动物已出现缺乏，常表现为厌食、极度消瘦、贫血、便秘，被毛由黑变为棕色。羊毛、奶产量下降，毛脆而易断，易脱落，动物痒感明显，后期有繁殖能力下降、拉稀、流泪。

（二）过量/中毒症状

常表现为消化功能障碍、红细胞增多、贫血、血压下降、后肢瘫痪、共济失调、心力衰竭。

十二、氟

（一）缺乏症状

龋齿，氟缺乏时，随饲料进入口腔的乳酸杆菌、链球菌和葡萄球菌，发酵饲料中的糖类，产生乳酸、乙酸、丁酸和蚁酸等，对牙釉质呈腐蚀作用，使其产生蚀斑、脱钙，在细菌产生的蛋白分解酶的作用下，进而使脱钙的基质腐解，而形成龋齿腔洞。检查牙齿腐面可见深色的浅洞或腔洞，内填充腐败的饲料。严重的常影响采食和咀嚼。动物偏头咀嚼，显示疼痛，甚而继发齿槽骨膜炎。

（二）过量/中毒症状

急性中毒：多数动物表现为感觉过敏、出现不断咀嚼动作、严重时抽搐和虚脱，数小时死亡，有时粪便带血和黏液。猪表现流涎、呕吐、腹痛、腹泻、呼吸困难、肌肉震颤、瞳孔散大。

慢性中毒：生长缓慢或停止、被毛粗乱、牙齿过度磨损，影响咀嚼，对冷水敏感。

猪：被毛粗乱、干燥，体温正常。随病程发展出现不同程度的跛行症状，关节变形，食欲减退，体质瘦弱，髋骨、掌骨、下颌骨、腕骨均有不同程度的肿大变形或增生，肋骨变粗隆起，脊柱弯曲。牙齿排列不齐或完全磨灭，白齿过度磨损，齿面粗糙、变为黄色。

牛：急性中毒见眼结膜发绀，切面血色暗红；上部食管黏膜有粟粒大小的白色坏死灶；咽黏膜出血；气管内有大量血色、带泡沫的液体，黏膜有散在的出血点；下段气管出血严重，呈弥漫性。肺脏淤血，小叶间质增宽、水肿；切面流出大量粉红色、带泡沫的液体。心包膜出血，心肌松软，心房内积血，心内、外膜出血。肝脏色淡，边缘钝圆，质地脆弱，胆囊膨大，充满胆汁。脾脏被膜皱缩，切面外翻，颜色变淡。肾脏色深。膀胱黏膜潮红。各胃黏膜极易剥离，黏膜下大面积出血。十二指肠黏膜弥漫性出血，严重者黏膜脱落，小肠内容物稀薄呈米黄色；其他肠管有不同程度的点状和斑状出血。肠系膜淋巴结呈灰黑色，肿胀，边缘出血；慢性中毒可见对称性氟斑牙，门齿和白齿过度磨损。初期门齿的釉质失去洁白光泽，齿面粗糙，釉质脱落，有黄色、黄褐色甚至黑色的条纹或斑块色素。门齿松动、脱落。白齿磨损严重，齿冠破坏。

十三、钼

（一）缺乏症状

雏鸡：长出结节或羽毛僵直、死亡率高。

蛋鸡：孵化率降低、骨缺陷和不正常的萎缩性发育。

肉鸡：生长缓慢、体重下降，髋部结痂或股骨发育迟缓。

（二）过量/中毒症状

常表现为持续性腹泻、被毛褪色，可继发铜缺乏症。

牛：消瘦，全身脂肪呈胶冻样，内脏器官色淡；骨质疏松，主要是骨密质降低，哈佛氏管扩张，骨小梁排列紊乱，长短、粗细不一；肋骨呈念珠状，关节肿胀；公牛睾丸有病理损害。

羊：心脏呈衰竭状，心室塌陷，质地柔软，心肌灰白色，失去光泽，心内膜有出血点，冠状沟及纵沟脂肪呈胶样萎缩。肝脏肿大，土黄色，切面外翻，质地脆弱、易破。脾脏轻度淤血，切面富有凝固不良的血液。肺脏体积增大，质地较坚实，呈暗红色，切面流出多量凝固不良的血液，支气管断端内见有少量白色泡沫样物质。肾脏肿大，被膜易剥离，呈黄褐色，切面皮质增宽，皮、髓质界线不明显，质地较脆。小肠黏膜潮红，局部有小米粒大乃至拇指大的出血斑点；黏膜表面被覆多较黏稠的液体。大肠内容物较稀薄。肠系膜淋巴结轻度肿大，切面湿润多汁。膀胱黏膜散在有小的出血斑点。全身骨骼肌萎缩，失去光泽。

十四、铬

（一）缺乏症状

常表现为生长发育受阻、免疫功能和繁殖性能降低、营养物质代谢紊乱、胆固醇或血糖相对升高、动脉粥样硬化。

鸡：骨皮质轮廓不整齐、呈花边状，且两端非常薄；骨髓腔明显，但骨小梁结构紊乱；骨骺板清晰但密度不均匀。

（二）过量/中毒症状

常表现为呕吐、流涎、呼吸急促、心跳加快、腹痛、腹泻、严重者导致死亡；皮肤接触引起过敏性皮炎或湿疹；呼吸道刺激和腐蚀，引起鼻炎、喉炎、支气管炎、严重时鼻中隔糜烂，甚至穿孔；尿中有蛋白和脱落的上皮细胞，肾充血、脂肪变性、坏死。

十五、硅

（一）缺乏症状

雏鸡：生长发育受阻、衰弱、骨骼变细，骨皮质变薄，腿骨弹性差、头颅小，颅骨扁平。

鼠：发育受阻、颅骨变小、牙釉质受损，牙齿色素沉着，补硅后症状明显改善。

（二）过量/中毒症状

反刍动物易形成硅酸盐性尿结石、石棉沉积症、硅沉积症。

十六、镍

（一）缺乏症状

常表现为生长缓慢和贫血症状。

（二）过量/中毒症状

常表现为采食量减少、氮贮留减少、器官体积减小。

表3-12-1　矿物质元素缺乏和过量的易发动物

物质	缺乏易发动物	过量/中毒易发动物
钙和磷	猪、禽、牛、羊、犬猫	猪、禽、牛、羊、马
镁	猪、禽、牛、羊、犬猫	幼畜、鸡、羔羊、犬猫
钠、钾、氯	低钾血症：牛、羊、犬猫 低钠血症：猪、禽、牛、羊、犬猫 低氯血症：猪、禽、牛、羊、犬猫	钠过量：猪、禽、牛、羊、犬猫 钾过量：牛、犬
硫	禽、绵羊、皮毛动物	猪、鸡、牛、羊、犬
铁	仔猪、鸡、犊牛、羔羊	猪、鸡、牛、绵羊、犬
铜	猪、禽、牛、羊、马、骆驼、鹿、犬猫	猪、鸡、犊牛、羊
硒	猪、禽、牛、羊、马	猪、禽、牛、羊、马
锌	猪、鸡、犊牛、羊	鸡、火鸡、鸭、牛、羊、鼠
碘	猪、犊牛、羊	猪、禽、牛、绵羊、马
锰	仔猪、禽、犊牛、羔羊等任何动物均易发	猪、鸡、牛、羊、马、兔
钴	猪、鸡	猪、牛、羊、犬
氟	鼠	猪、牛、马
钼	鸡、牛、羊	常见于牛、羊，猪和马不表现临床症状
铬	猪、鸡、牛、兔	猪、禽
硅	较少，雏鸡、鼠有报道	反刍动物
镍	猪、鸡、牛、羊、羊、鼠	鸡、犊牛

第十三节　维生素缺乏和过量

一、维生素A

（一）缺乏症

各种动物症状相似，均可表现为夜盲，昏暗光线下视力下降，眼睛干燥（干眼病），皮肤干燥，脱毛，脱皮，繁殖功能障碍。可出现共济失调、步态紊乱、肌肉麻痹等神经症状。

猪：脂溢性皮炎，全身表皮分泌褐色渗出物。

禽：两脚无力，瘫痪，共济失调；皮肤干燥，喙、脚蹼等皮肤黄色素变淡或消失，眼结膜潮红，流泪。

牛：异嗜、消瘦、贫血、被毛逆立、无光泽、生长发育迟缓；泌乳性能降低，抵抗力降低易发生乳腺炎、子宫内膜炎、胃肠炎及真菌病。病牛瞎眼和夜盲症，个别牛会出现神经症状。妊娠母牛会出现早产、死胎、胎衣不下等。

犬猫：角膜混浊、眼底异常及神经症状。

（二）过量/中毒症状

猪：被毛粗乱，皮肤触觉敏感，腹部和腿部有出血瘀斑，粪尿带血，四肢动作不灵活，周期性肌震颤，最终导致死亡。

禽：生长发育受阻，长骨变粗，关节疼痛。皮肤干燥、瘙痒、鳞屑、皮疹、脱毛、蹄爪变脆等。

犊牛：生长缓慢，跛行，行走不稳，瘫痪。偶见先天性失明。

犬猫：牙龈充血、水肿，食欲下降，腹胀，便秘，骨骼生长发育受阻，行走困难，跛行。

二、维生素D

（一）缺乏症

可引起钙磷吸收障碍，造成钙磷不足、缺乏或钙磷比例失调，幼龄动物表现佝偻病，成年动物表现骨软症或纤维性骨营养不良。患病动物两腿弯曲，站立困难，步态异常，跛行。

禽：骨骼发育受阻，质地变软，龙骨变形；肋骨头肿大，肋骨向下向后弯曲；长骨骨骺区扩大，皮质骨增厚，骨髓腔狭窄，胫骨股骨钙化不全。

牛：生长发育缓慢、生产性能降低；被毛粗糙无光泽、前肢向前或侧方弯曲，膝关节增大和拱背；知觉过敏，不时发生抽搐；奶牛泌乳量下降，妊娠母牛多发生早产或出现胎儿虚弱、畸形。

幼犬：可发生佝偻病。

（二）过量/中毒症状

常表现为食欲不振，口渴，腹泻，便秘，多尿，嗜睡，肌肉无力，呼吸困难，跛行，骨质变脆，易发生骨折。

猪：可发生肌肉震颤，运动失调。

犬猫：体质软弱，活动乏力，骨骼脱钙，牙齿和颅骨发生畸形。

三、维生素E

（一）缺乏症

猪：仔猪表现为消化不良，顽固性腹泻，喜卧，站立困难，步态不稳，呈犬坐姿势；心率加快，心律不齐。有时可见皮肤黏膜黄疸。母猪屡配不孕，怀孕母猪呈死胎、流产、早产、弱仔等。

禽：精神不振，食欲减少，粪便稀薄，羽毛无光泽，发育迟缓。渗出性素质，共济失调，震颤，惊厥，转圈头向后仰，低头，两腿麻痹等脑软化症状为主。

牛羊：犊牛、羔羊以白肌病特征为主，肌肉发育不良，步态强拘，喜卧，站立困难，消化不良，顽固性腹泻，心率加快，心律不齐；成年牛可致性功能紊乱，不孕、流产、胎衣不下，泌乳量下降，母羊妊娠率降低或不孕。

犬猫：犬缺乏表现骨骼肌萎缩，母犬难以妊娠；多见于母猫，表现为食欲不振，无精神，发热，嗜睡。严重时手抓甚至抚摸皮肤时有明显的疼痛反应。

（二）过量/中毒症状

禽：雏鸡可见生长速度降低，甲状腺功能受到干扰，机体对维生素A、D、K需要量增加。

四、维生素K

（一）缺乏症

常表现为感觉过敏，食欲不振，皮肤和黏膜出血，血液呈水样，凝血时间延长，黏膜苍白，心搏动加快。

猪：断奶仔猪多发，表现体内外出血。鼻孔、肛门、乳头、耳尖出血。也可出现皮下、肌肉出血以及胸腔、腹腔出血。可见关节肿大，步态不稳，趴卧不动。

禽：出血症状为主。身体胸部、翅膀、腿部、腹膜、皮下和胃肠道等可见有出血的紫色斑点。鸡冠、肉髯、皮肤干燥苍白，肠道严重出血的可发生腹泻；病鸡贫血，常蜷缩一起。

（二）过量/中毒症状

常表现为呕吐，卟啉尿，蛋白尿，凝血时间延长。

犬猫：过量可引起贫血和其他血液指标异常。

五、维生素B$_1$（硫胺素）

（一）缺乏症

猪：仔猪表现腹泻，呕吐，食欲减退，步样跟跄，行走摇晃，心动过缓，心肌肥大；后期，体温低下，心搏亢进，呼吸促迫，最终死亡。

鸡：极度厌食，多发性神经炎，死亡。病鸡头颈向上后方呈"观星"姿势。

鸭：两脚发软，无力，步态不稳，共济失调，扭头、转圈，或无目的奔跑，阵发性抽搐，痉挛或呈"观星"姿势。

犬猫：表现为厌食，平衡失调，惊厥，呈现颈部屈曲，头向腹侧弯，知觉过敏，瞳孔扩大，运动神经麻痹，四肢呈进行性瘫痪，最后呈半昏迷，四肢强直死亡。

（二）过量/中毒症状

无。

六、维生素B$_2$（核黄素）

（一）缺乏症

猪：鬃毛脱落，食欲减退，生长缓慢，腹泻，溃疡性结肠炎，肛门黏膜炎，呕吐，光敏感，晶状体浑浊，行走不稳等。后备母猪在繁殖和泌乳期，食欲废绝或不定，体重减轻，早产，死胎。

雏鸡"蜷趾"麻痹，腿麻痹；产蛋鸡也可出现"蜷趾"症状，产蛋率和孵化率下降。

（二）过量/中毒症状

无。

七、维生素B$_3$（烟酸）

（一）缺乏症

猪：皮肤对光照敏感性增强，面部、耳、背臀部、四肢外侧及尾部等已发生光过敏性皮炎。皮炎常两侧对称性发生，界线明显。病变初期出现红斑，之后形成水疱，最后形成黑色结痂。

禽：口腔、食管发炎，羽毛生长不良，爪和头部皮炎。舌黏膜充血和形成溃疡（黑舌病）。食欲减退、腹泻、消瘦、贫血。腿部胫跗关节肿大、两腿弯曲呈弓形。

犬猫：无食欲，常发生口腔黏膜炎和溃疡，常流出大量黏稠带血的唾液，呼出气恶臭。犬缺乏可综合表现为黑舌病。

（二）过量/中毒症状

无。

八、维生素B₅（泛酸）

（一）缺乏症

雏禽生长发育不良，羽毛粗乱，头颈羽毛脱落；流泪，眼睑周围羽毛黏结或结痂；喙上皮发炎、脱落；趾间和足底发炎，皮肤粗糙、龟裂、出血，出现跛行。

犬猫：表现为生长发育迟缓，胃肠功能紊乱，胃炎、肠炎，甚至溃疡；发生低血糖症、低氯血症、BUN升高，昏睡甚至死亡；犬可出现脱毛。

（二）过量/中毒症状

无。

九、维生素B₆（吡哆醇）

（一）缺乏症

幼猪：食欲减退，小细胞色素性贫血，运动失调，步态强拘，生长停滞，脂肪肝，癫痫样发作，昏迷，视力减退，尿中吡哆醇排除减少，而黄尿烯酸增加。

禽：食欲下降、生长受阻、骨短粗症。出现神经症状，痉挛，行走时腿痉挛抽搐，最终死亡。

犬猫：有神经症状，过敏反应，胃肠障碍，痉挛，口内炎，舌炎，口角炎等。幼犬导致发育不良；成犬食欲减退，体重减轻。猫可发生不可逆性肾损伤。

（二）过量/中毒症状

无。

十、维生素B~7~（生物素）

维生素B₇

（一）缺乏症

仔猪：脱毛，后肢痉挛，蹄底及蹄面皲裂，口腔黏膜发炎，以皮肤干裂、粗糙、褐色分泌物和皮肤溃疡为特征的皮肤病变。

禽：以骨短粗症为主。病禽生长缓慢、皮炎、胫跗关节肿大变形。足部皮肤干燥，鳞片样结痂，足底粗糙，龟裂出血，甚至糜烂呈溃疡状。

犬猫：表现紧张、无目的地行走，后肢痉挛，进行性瘫痪。

（二）过量/中毒症状

无。

十一、维生素B~12~（钴胺素）

（一）缺乏症

常表现为食欲减退，生长缓慢，发育不良。可视黏膜苍白，皮肤湿疹，精神兴奋，共济失调。

猪：食欲减退或废绝，生长速度减慢，皮肤粗糙，背部湿疹；消瘦，黏膜苍白，消化不良，异嗜，腹泻。母猪可出现弱仔、流产、死胎、胎儿发育不全、畸形等。

禽：雏鸡食欲减退，发育缓慢，贫血，脂肪肝，死亡率增加。蛋鸡产蛋率下降，孵化率降低，胚胎发育不良，雏鸡弱仔且可能畸形。

牛：异嗜、营养不良，可视黏膜苍白，奶牛则产奶量下降，肉牛饲料转化率下降，逐渐消瘦。犊牛则生长缓慢，黏膜苍白，皮肤被毛粗糙，肌肉发育不良，共济失调。

（二）过量/中毒症状

无。

十二、维生素C（抗环血酸）

（一）缺乏症

猪：初期表现不适，衰弱，易于疲乏，生长缓慢，口腔黏膜和齿龈易出血溃疡，牙齿松动易脱落，贫血，被毛粗乱无光，抗病力弱。

禽：血管通透性和脆性增加，易破裂出血，严重时内脏出血，即维生素C缺乏病（坏血病）。

犬猫：骨质疏松、长骨骨头端钙化带增厚，骨皮质变薄，骨小梁细小；黏膜和皮肤出血，胃肠道黏膜有出血点，粪便中常混有血液。齿龈紫红、肿胀、光滑而脆弱，常继发感染，形成溃疡。

（二）过量/中毒症状

大剂量服用维生素C可引起动物易发骨病，破坏成骨细胞形成。也可发生尿路结石和肾结石，严重者可致血尿和肾绞痛；也可引起血栓形成，诱发心脏和脑部疾病，降低母畜生育力，影响胚胎发育。呕吐、腹泻、贫血。

十三、叶酸

（一）缺乏症

猪：哺乳仔猪表现为生长缓慢，被毛稀少，贫血。

禽：生长缓慢，羽毛发育不良，贫血，骨短粗症。颈部麻痹，头颈向前伸直下垂，喙触地。可引起病鸡死亡。

犬猫：可引起贫血，厌食。幼仔脑水肿发生较多。

（二）过量/中毒症状

无。

十四、胆碱

（一）缺乏症

仔猪：表现为腿短肚大，运动失调，特异性肾小球闭锁和肾上皮坏死。断奶体重低于正常，发生脂肪肝，有的两后肢呈劈叉姿势。

禽：骨短粗，胫跗关节变形，长骨内翻畸形和外翻畸形，严重病例出现跟腱滑脱。

犬猫：可引起严重的肝和肾功能障碍，如脂肪代谢失常，肝内大量脂肪沉积，肝脂肪变性，低蛋白血症，胆碱酯酶升高，凝血酶原时间延长，血红蛋白和红细胞积压增加。

（二）过量/中毒症状

无。

表3-13-1　维生素缺乏和过量的易发动物

物质	缺乏易发动物	过量/中毒易发动物
维生素A	最常见于禽，猪、牛、羊、犬猫也可发生	猪、禽、牛、犬猫
维生素D	禽、牛、犬猫，且幼龄动物多见。	猪、禽、犬猫
维生素E	猪、禽、牛、羊、犬猫	可见于禽
维生素K	猪、禽	猪、禽、犬猫
维生素B$_1$（硫胺素）	多见于禽，猪、犬猫	—
维生素B$_2$（核黄素）	多见于禽类、猪，尤其是雏鸡	—
维生素B$_3$（烟酸）	猪、禽、犬猫	—
维生素B$_5$（泛酸）	禽、犬猫	—
维生素B$_6$（吡哆醇）	幼猪、禽、犬猫	—
维生素B$_7$（生物素）	仔猪、禽、犬猫	—
维生素B$_{12}$（钴胺素）	猪、禽、牛多发，其他动物少见	—
维生素C（抗环血酸）	猪、禽、犬猫	猪、禽、犬猫
叶酸	猪、禽、犬猫	—
胆碱	仔猪、禽、犬猫	—

第四章 内分泌代谢性疾病

内分泌系统分泌的激素对动物的生长发育、生殖、维持内环境稳态及适应外界环境变化等方面均具有重要的作用。由于内分泌系统分泌的激素作用广泛、复杂，激素分泌量发生变化对动物影响较大，防治较为困难，因此，有必要掌握内分泌系统疾病的相关知识，做到早诊断、早防治。

第一节 母畜卵巢功能障碍

母畜卵巢功能障碍，是导致母畜不孕的主要原因之一，包括卵巢功能减退、卵巢囊肿等，表现为发情周期不规律，发情、排卵异常，卵巢上卵泡、黄体发育紊乱等。

一、猪非传染性不孕

与其他家畜相比，猪虽然是一种有较高繁殖力的动物，但其不孕率仍可达10%~20%。因此降低母猪空怀率和增强其繁殖性能已成为经营养猪业的关键性问题。非传染性不孕包括初情期延迟、乏情、发情微弱、连续发情，卵巢囊肿，持久黄体及输卵管障碍等。

（一）初情期延迟

青年母猪达到初情期的年龄通常为6~8个月。在同一个猪群中以及在不同猪群之间，初情期开始时的年龄变化很大。这与母猪的品种、公猪的刺激、季节、营养及管理等因素有关。

对初情期延迟的母猪可用运输法、能量增补法及公猪接触法等进行诱导发情，一旦证实，患猪在10~14个月龄时还未开始达到初情期，就应淘汰。

初情期前的青年母猪肌注孕马血清促性腺激素（PMSG）400~600IU可诱导发情和排卵。此外，注射人绒毛膜促性腺激素（hCG）200~300IU可在3~5d内导致发情和排卵。

（二）乏情

母猪在泌乳期经常出现乏情的症状。经产母猪断奶后的再发情，由于季节、天气、哺乳时间、哺乳仔猪头数、断奶时母猪膘情、生殖器官恢复状态不同，发情早晚也不同。特别是对哺乳母猪的饲养管理尤其重要。提前断奶可加快母猪断奶后发情周期的恢复。对断奶母猪进行合理饲养，使其自由接近种公猪，在断奶后3~5d判定发情表现，若不出现发情症状，可肌注PMSG诱导发情，发情后还可肌注hCG。对断奶后15d仍不发情的母猪，可观察到30d，并肌注PMSG，若再不发情，可做淘汰处理。

（三）连续发情

由于垂体分泌促黄体素（LH）不足，或由于促卵泡素（FSH）过剩，以致LH与FSH之间的平衡紊乱而不能排卵。虽然长时间允许公猪爬跨，但不能准确控制交配的适宜时间而造成不孕。

母猪允许公猪爬跨交配的时间若持续4d以上时，可视为连续发情。当母猪发情到第4d时，若仍允许公猪爬跨，应再让公猪与之交配，为了促进排卵，可同时肌注hCG。

（四）卵巢囊肿

此病是猪卵巢疾病中最常见的疾病，在一侧或两侧卵巢上发生，有的囊泡直径可达5cm以上，这样的囊泡有的达十几个以上，有的重量达500g以上。有些妊娠母猪也有1~2个囊肿。

卵泡的生长、发育、成熟及排卵取决于垂体的FSH和LH的平衡作用。特别是排卵，二者的平衡尤其重要。如果未达到平衡，LH量减少，则不发生排卵，卵泡里逐渐积留许多泡液，使卵泡增大，许多囊肿卵泡直径达14mm以上。卵巢囊肿的原因之一是促甲状腺素分泌过多。

卵巢囊肿分为卵泡囊肿和黄体囊肿，猪和牛不一样，主要是形成黄体囊肿，其临床症状就是不发情。屠宰时可发现囊肿黄体中有几层黄体细胞构成。在用直肠检查法诊断此病时能在子宫颈稍前方发现有葡萄状的囊状物，要做好完整诊断还应配合临床观察法，看其发情与否。

治疗方法：若为LH不足，可肌注hCG。

（五）持久黄体

病因：因多种因素（如细小病毒感染）造成胎儿干尸化，使胎儿长时间残留在子宫内，甚至拖延到预产期以后，此时黄体仍未被溶解并不断分泌孕酮，导致母猪不发情。此外子宫蓄脓也有类似变化。

治疗：注射前列腺素10mL，黄体很快消失，约24h后即可把异物排出。若患子宫炎或子宫积脓，先肌注雌二醇15mg，再注射催产素或麦角新碱。或往子宫内注入温生理盐水500mL，促进异物排出。若病猪有全身症状，禁止冲洗。

二、牛卵巢囊肿

卵巢囊肿是指在卵巢上形成囊性肿物，分为卵泡囊肿和黄体囊肿两类。

（一）症状

（1）卵泡囊肿　由于发育中的卵泡上皮变性，卵泡壁变薄，有的结缔组织增生而变厚，几乎没有颗粒细胞，卵母细胞退化或死亡，卵泡液增多、体积增大，但不排卵。多发生于奶牛，尤其是高产奶牛泌乳量最高的时期，可出现慕雄狂、发情后排卵失败、排卵延迟。卵泡直径可达3～5cm，有时卵巢上有许多小的囊肿，表现发情周期变短，发情期延长，哞叫、高度兴奋、经常爬跨其他母牛。

（2）黄体囊肿　由于未排卵的卵泡壁上皮发生黄体化，或者排卵后由于某些原因而黄体化不足，在黄体内形成空腔并蓄积液体而形成。患牛表现为长期乏情。直肠检查时，囊肿黄体与囊肿卵泡大小相近，但壁较厚而软，不那么紧张。

有些牛产犊后最初几周，卵泡可以发生囊肿并自然消失，随后恢复正常卵巢功能，但比正常牛稍晚。有人建议产后6周内有卵泡囊肿的牛应视为正常，不应人为干预，除非患牛出现慕雄狂或其他异常症状。

（二）病因

引起卵泡囊肿的可能原因，包括长期给予雌二醇或孕酮水平过低及应激时可的松的释放等。也有人指出高产奶牛的能量不平衡也起作用。

LH释放不足、下丘脑—垂体功能障碍引起促性腺激素释放激素（GnRH）释放减少（最常见原因）、垂体生成LH不足（罕见）、优势卵泡未能对LH产生反应，都有可能导致卵泡囊肿。

（三）诊断

卵巢囊肿可引起生殖内分泌功能紊乱。通常卵泡囊肿患牛外周血中FSH、抑制素和雌激素水平升高，而黄体囊肿患牛外周血中孕激素水平很高。例如母牛用大剂量孕PMSG处理后，引起生殖内分泌功能紊乱，易发生卵巢囊肿。难产及围产期疾病也可导致卵巢囊肿。

直肠检查，超声波诊断可检查卵巢卵泡和黄体的性质及增生情况，也可进行孕酮、雌激素等激素水平测定。

（四）治疗

产后42d内发现的许多囊肿为一过性或良性，一般无须治疗，只有出现异常行为表明其为病理性的，或有迫切管理要求时才予以治疗。

对卵泡囊肿有3种药物可供选择，hCG、GnRH或GnRH类似物，如buserelin、阴道内孕酮释放器（PRIDs）及阴道内药物缓释器（CIDR）。也可通过生殖道对卵泡实施穿刺。

对经超声检查和乳汁孕酮测定，诊断为有功能性黄体组织的囊肿牛，注射$PGF_{2\alpha}$或其类似物，随后观察到发情时输精。

适用于两种卵巢囊肿的另一替代方法是置入PRID/CIDR，并留置12d，取出后在固定时间观察到发情时配种。若不能准确诊断囊肿类型，可注射PGF$_{2\alpha}$或其类似物，或在PRID/CIDR取出当天注射，或在取出前3d注射，如此可改善预期的发情反应。若在固定时间输精，而后来又发现牛发情，应再次输精。

三、牛卵巢功能减退

卵巢功能减退是由于卵巢的功能暂时受到扰乱而处于静止状态，不出现周期性活动。如果功能长久衰退，则可引起卵巢组织萎缩、硬化。

（一）病因与症状

卵巢萎缩除衰老时出现外，营养和代谢不良等原因致使母牛瘦弱、生殖内分泌功能紊乱、使役过重等也能引起。卵巢硬化多为卵巢炎和卵巢囊肿的后遗症。卵巢萎缩或硬化后不能形成卵泡，外观上看不到母牛有发情表现。随着卵巢组织的萎缩，有时子宫也变小。

（二）治疗

（1）饲养管理不当时，应调整营养状况，保证能量、蛋白、矿物质元素、维生素等的平衡供给。

（2）按摩卵巢，促进卵巢周围血液循环，对卵巢静止有一定的疗效。

（3）激素疗法　最常用的药物是FSH、hCG、PMSG和雌激素等。

四、羊卵巢功能减退、不全及萎缩症

卵巢功能不全是指由卵巢功能紊乱引起的各种异常变化，包括卵巢功能减退、卵巢组织萎缩、卵泡萎缩、卵泡交替发育及安静发情等。由于卵巢上没有卵泡发育，或者卵泡发育到中途萎缩，因而外部表现为长期不发情或者有不明显的短发情周期。这种情况是指出现过正常发情或经产羊而言，如果是青年羊达到性成熟年龄而一直不见发情，那属于先天性的不孕，可能是由于卵巢畸形或卵巢幼稚，不在卵巢功能不全范围之列。

（一）病因

（1）饲养管理不周。长期饲喂不足或饲料质量不好，特别是蛋白质、维生素A及维生素E缺乏。

（2）长期哺乳。使母羊过度营养消耗，导致垂体产生FSH不足。

（3）长期患病。患卵巢功能减退和萎缩常常是由于子宫疾病或全身严重疾病，使羊身体乏弱所致。卵巢炎可以引起卵巢萎缩和硬化。

（4）卵巢功能生理性减退。年老羊和乏情季节中的不发情，都属于生理现象。

（5）气候与温度的影响。气候变化无常，或者新购入的羊对当地气候不适应，也可引起卵巢功能暂时减退。

（6）安静发情　羊常见于发情季节的第一次发情，也发生于营养缺乏时。

（二）症状

卵巢功能减退和不全的表现是发情周期延长或者长期不发情，发情表现不明显，或者出现发情表现但不排卵。卵巢萎缩则不发情。

（三）诊断

最简单的诊断方法是用试情公羊检验，母羊安静，常对公羊无反应。

（四）治疗

1. 增强卵巢功能

首先应从饲养管理着手，改善饲料质量，增加日粮中蛋白质、维生素和矿物质，增加放牧和日照时间，足够的运动量，减少泌乳，往往可以收到满意的效果，良好的自然因素是保证卵巢功能正常的基本条件，特别是对于消瘦乏弱的羊，由于缺乏维持正常生殖功能的基础，更不能单独靠药物催情。

2. 刺激生殖功能

利用公羊催情、激素催情（FSH、PMSG可促进卵泡发育；hCG可促进卵泡成熟与排卵；雌激素虽只引起发情表现，而不能引起卵泡发育及排卵，但可促进生殖器官发育；孕酮阴道栓9~12d，撤栓3d内可发情；前列腺素PGF$_{2\alpha}$能溶解黄体，可医治持久黄体引起的不发情；维生素A对缺乏青绿饲料引起的卵巢功能减退有效；对产后不发情的母羊，用37℃生理盐水或1∶1000碘甘油水溶液冲洗子宫，可促进发情）。

五、羊卵巢囊肿

卵巢囊肿是指卵巢中形成了顽固的球形腔体，外面盖着上皮包膜，内容为水状或黏液状液体。卵巢囊肿包括卵泡囊肿和黄体囊肿。前者来自不排卵的卵泡，其卵泡上皮发生变性，卵母细胞死亡；后者是由卵泡囊肿上的细胞黄体化形成的，或者是由于黄体中央和血凝块中积有液体，其黄体细胞发生退化与分解。此病容易发生于高产山羊群，但山羊的卵巢囊肿比牛的少见得多。黄体囊肿发生得更少，常见的都是卵泡囊肿，因而提到卵巢囊肿，往往认为是卵泡囊肿。这里所讲的就是羊的卵泡囊肿。

（一）病因

对卵泡囊肿的病因还不完全清楚，一般认为有以下几种可能。

（1）内分泌功能紊乱。垂体前叶分泌LH不足，不能形成排卵前LH峰，导致不能排卵而形成囊肿；ACTH增多时，可抑制排卵，发生卵泡囊肿。

（2）饲养管理不合理。饲料中维生素A缺乏或磷不足；采食的牧草中雌激素含量过高；缺乏运动等，均有可能引起卵泡囊肿。

（3）生殖系统疾病引起。流产、胎衣不下、子宫内膜炎都容易引起卵巢发炎，以致卵泡不易排卵而发展为卵泡囊肿。

（4）气温影响。在卵泡发育过程中，气温突然过高或过低，可能影响卵泡继续发育而转变为囊肿。

（二）症状

患卵泡囊肿时，不断分泌雌激素，导致性欲特别旺盛，接受交配，但屡配不孕。

（三）诊断

对卵泡囊肿的诊断，主要是根据发情期延长和强烈的发情行为。有条件时，可采用腹腔镜检查。借助腹腔镜，可以直接观察到卵巢上的囊肿卵泡比正常卵泡大，或为多数不能排卵的小泡，按压时感到泡壁厚而硬。

（四）预防

（1）正确饲养，适当运动。在配种季节更应特别重视。日粮中含有足够的矿物质、微量元素和维生素，可防止卵泡囊肿的发生。

（2）对于正常发情的羊，及时进行配种或输精。

（3）及时治疗生殖器官疾病。

（五）治疗

（1）改变日粮配合。

（2）注射适宜激素：注射促排3号（LRH-A$_3$）4～6mg，可促使卵泡囊肿黄体化，然后皮下或肌肉注射PGF$_{2\alpha}$溶解黄体，即可恢复发情周期；注射LH或hCG具有显著疗效；连续使用孕酮处理。

（3）人工诱导泌乳，此法对乳用山羊是一种最为经济的方法。

六、犬猫不孕症

不孕症是指母犬、母猫因生殖系统功能不全或解剖结构异常而引起的暂时性或永久性不能繁殖的病理状态，是多种原因引起的一种后果，不是一种独立的疾病。母犬出生后1～2岁，母猫出生后8～12个月龄未孕，或过去曾正常发情，但已有10～24个月的长时间内不发情或发情不正常，虽经配种但屡配不孕的，都叫不孕。

（一）病因及发病机制

1. 幼稚病及先天畸形

母犬、母猫达到性成熟年龄后，由于下丘脑、垂体功能不全，或由于甲状腺等内分泌功能紊乱，致使生殖器官缺乏生殖激素的刺激而发育不全；由于遗传因素的影响，母犬、母猫生殖器官先天异常，如缺乏阴门和阴道、阴道闭锁、子宫发育不全、缺少子宫角、子宫颈或有双子宫颈、两性畸形等；常因常染色体或性染色体异常引起。

2. 营养不良

长期的饲料单一、质量低劣或长期饲喂不足，机体缺乏各种必需氨基酸、糖及脂肪、矿物质和维生素等时，出现营养不良，机体功能和新陈代谢障碍，生殖系统发生功能性变性和其他变化，造成不孕。

3. 营养过剩及衰老

长期饲喂过多的蛋白质、脂肪或碳水化合物饲料，又长期关养于室内，缺少运动，导致母犬、母猫过度肥胖，卵巢脂肪沉积，卵泡上皮脂肪变性而造成不孕或发情不明显。同时，犬、猫因年龄过大，生殖功能衰退也发生不孕。

除此之外，某些疾病，如布鲁氏杆菌病、结核杆菌病、弓形虫病、李氏杆菌病、钩端螺旋体病、卵巢炎、输卵管炎、子宫炎、阴道炎等也可引起不孕。人工授精时由于技术掌握不当，精液处理错误及配种时间不当都可导致不孕。

（二）症状

不孕症的典型症状就是不能妊娠。疾病性不孕常发生于经产犬、猫，常有流产、死胎、子宫炎、久不发情或长期发情不止等既往病史；营养不良性不孕者常表现发情周期紊乱。先天性生殖系统异常者可见外生殖器、阴门及阴道细小而不能交配。

（三）诊断

不孕症的原因异常复杂，表现也多种多样，但典型症状是不孕，所以诊断根据临床经验即可做出。但要找出引起不孕的原因，往往需要结合病史、饲料分析和B超检查等结果进行分析判断。特别是子宫角发育不全或卵巢缺失等先天性不孕，单凭肉眼观察常无法确诊，必须借助仪器检查才能得到可靠诊断。

（四）防治

生殖器官不健全的犬、猫不宜做种用；幼稚型犬、猫可用激素刺激生殖器官发育，犬可用PMSG 25万～200万IU肌肉注射，也可与公犬混养促进其发育，一段时间后仍不见发育则应予淘汰；猫可每隔8h肌肉注射环戊二醇0.25～0.5mg，连用4～5d仍不见效则应淘汰。

因疾病引起的不孕则应积极治疗原发疾病，机体彻底康复后，生殖功能大多可以恢复。

由于营养不良或过剩引起的不孕，应通过改善饲养管理，合理搭配饲料，加强运动，以恢复其生殖功能。

适时配种与受孕有密切关系，最好采用重复交配或多次交配，以增加受孕机会。人工授精时，要严格遵守采精、稀释、保存、输精等操作规程。

如生殖器官已发生器质性变化不能恢复者，则应予淘汰。

第二节　流产

流产是指母畜在妊娠期满之前排出胚胎或胎儿的病理现象。流产可发生于妊娠的各个阶段，但以妊娠早期较多。流产的表现形式有早产和死产两种。早产是指产出不到妊娠期满的胎儿，虽然胎儿出生时存活，但因发育不完全，生活力降低，死亡率高。死产是指在流产时从子宫中排出已死亡的胚胎或胎儿，一般发生在妊娠中期和后期。妊娠早期发生的流产，由于胎盘尚未形成，胚胎游离于子宫液中，死亡后组织液化，被母体吸收或者在母畜再发情时随尿排出而不易被发现，故又称为隐性流产。流产时，大部分家畜由阴道排出胚胎或胎儿和胎盘及羊水等，但也有一些家畜流产实际已发生，而从外表看不出流产症状，即排出物中见不到胚胎或胎儿。除上述隐性流产见不到胚胎外，胎儿干尸化、胎儿半尸化或胎儿浸溶时也不排出胎儿，这种流产又称为延期流产。

一、猪的流产

（一）病因

流产的病因较为复杂，大致分为传染性流产和散发性流产。

（1）传染性流产。一些病原微生物和寄生虫病可引起流产。如猪的伪狂犬病、细小病毒病、乙型脑炎、猪生殖与呼吸综合征、布鲁氏杆菌病、猪瘟、弓形虫病、钩端螺旋体病，感染李氏杆菌、非洲猪瘟、猪丹毒、衣原体等均可引起猪流产。

（2）散发性流产。与营养、遗传、应激、内分泌失调、创伤、中毒、用药不当等因素有关。已孕母猪受到撞击、滑倒、咬架等外部机械性作用时易发生流产。在精神上突然受到惊恐、冲动、对膘情不好的猪给予寒冷刺激都能引起流产。由于饲喂冰冻饲料、腐败变质饲料、酒糟类酸酵性饲料、黑斑病的甘薯和含有龙葵素的马铃薯可造成流产。饲喂麦角、芥子、芜菁、毒扁豆碱、胆碱药、麻醉药及利尿药时，发生便秘，内服大量泻药，长距离运输时，都可引起流产。

（二）临诊症状

由于流产时期、病因及母猪的反应能力有所不同，其临诊症状也不完全一致。

隐性流产发生于妊娠早期，由于胚胎尚小，骨骼还未形成，胚胎被子宫吸收，而不排出体外，不表现出临诊症状。有时阴门流出多量分泌物，过些时间再次发情。

有时在母猪妊娠期间，仅有少数几头胎猪发生死亡，但不影响其余胎猪的生长发育，死胎不立即排出体外，待正常分娩时，随同成熟的仔猪一起产出。死亡的胎猪由于水分逐渐被母体吸收，胎体紧缩，颜色变为棕褐色，称木乃伊胎。

如果胎儿大部分或全部死亡时，母猪很快出现分娩症状，母猪兴奋不安，乳房肿大，阴门红肿，从阴门流出污褐色分泌物，母猪频频努责，排出死胎或弱仔。

流产过程中，如果子宫口开张，腐败细菌便可侵入，使子宫内未排出的胎儿发生腐败分解。这时母猪全身症状加剧，从阴门不断流出污秽、恶臭分泌物和组织碎片，如不及时治疗，可因败血症而死。

（三）诊断

根据临诊症状，可以做出诊断。要判定是否为传染性流产则需进行实验室检查。

（四）预防

加强对妊娠母猪的饲养管理，避免挤压、碰撞，饲喂营养丰富、容易消化的饲料，经常饲喂青绿饲料，严禁饲喂冰冻、霉变及有毒饲料。做好预防接种，定期检疫和消毒。谨慎用药，以防流产。

（五）治疗

治疗的原则是尽可能制止流产；不能制止时，促进死胎排出，保证母畜的健康；根据不同情况，采取不同措施。

（1）妊娠母猪表现出流产的早期症状，胎儿仍然活着时，应尽量保住胎儿，防止流产。可肌肉注射孕酮10~30mg，隔日1次，连用2次或3次。

（2）保胎失败，胎儿已经死亡或发生腐败时，应促使死胎尽早排出。肌肉注射己烯雌酚等雌激素，配合使用催产素等促进死胎排出。当流产胎儿排出受阻时，应实施助产。

（3）对于流产后子宫排出污秽分泌物时，可用0.1%高锰酸钾等消毒液冲洗子宫，然后注入抗生素，进行全身治疗。对于继发传染病而引起的流产，应防治原发病。

二、牛的流产

（一）临床症状

流产胎儿的临床表现主要取决于感染病原微生物时胎儿的发育阶段，病原毒株的毒力差异以及在非传染性病例中胎儿暴露于致病因子的程度和持续时间。妊娠前半期，黄体的维持非常重要。在这期间，黄体遭到破坏时通常会导致妊娠中断，新鲜胎儿和胎膜排出，但是胎儿死亡也会引起黄体溶解，数天后自溶胎儿流出；如果黄体持续存在，胎儿和胎膜会木乃伊化。发生细菌感染时，胎儿表现为浸溶性变化。因而，很少能够观察到早期的流产，胎儿过早自溶时，会减少即时临诊的机会。妊娠后期，靠胎儿和胎盘维持着母牛的妊娠状态，如果胎儿发生死亡，就消除了这种维持作用，数天后即会发生流产。同时，胎儿发生自溶，临床表现为体腔内有血样液体和细胞结构的消失。但在影响胎儿和胎盘的所有疾病中，胎儿死亡并不是唯一的结果。胎儿应激反应（主要由缺氧引起）会激发正常分娩时所需的甾体类生殖激素的应答反应，因而在这种情况下会流出相对新鲜的胎儿，实际上妊娠260d后即可产出活胎儿，胎儿也可能存活下来。胎儿受到持续应激时，母牛阴部会出现胎粪，胎儿吸入或食入胎粪。

与流产相关的几种传染性疾病中，胎盘炎是主要的症状，流产牛再次妊娠产犊后常发生胎盘滞留。胎盘滞留的确切原因仍不清楚，从而限制了许多相关病例的调查研究。

（二）病因

许多传染性疾病和非传染性疾病都会引起牛的流产，其中许多疾病仅与偶发性或散发性流产相关。

（1）传染性流产。

①病毒性：牛病毒性腹泻、牛Ⅰ型疱疹病毒、阿卡斑病毒等。

②细菌性流产：布鲁氏杆菌病、钩端螺旋体病、地衣芽孢杆菌病、单核细胞增多性李斯特杆菌病、沙门氏菌病、弯曲杆菌病等。

③原虫性流产：滴虫病、新孢子虫病。

④其他传染性流产：衣原体和立克次氏体、真菌性流产等。

（2）非传染性流产。营养性因素（日粮蛋白过多或非蛋白氮过多、硒或碘缺乏，怀双胎、毒性植物、黄曲霉或亚硝酸盐中毒等）、胎儿的染色体异常、机械性流产等。

（三）诊断

根据病史、临床检查、胎牛尸检、实验室样本采集及检查，可以做出诊断。

（四）防治

以加强饲养管理为主，重视传染病的防治，根据流产发生的原因，采取有效的防治保健措施。

对妊娠母牛注意外部环境，分群管理，加强饲养管理，饲料营养均衡全面。适当加强运动，提高抗病能力。空怀期做好防疫和驱虫，对于影响母牛生殖器官功能的疾病均需采取严格的卫生防疫措施。忌用妊娠禁忌药物，杜绝阴道检查，尽量避免直肠检查。

对已出现流产征兆的妊娠母牛应进行隔离并做病原检查，排除传染性流产的可能后再安胎。对于传染性流产，要立即隔离病牛，尽快进行诊断，确定具体疾病选用有效药物进行治疗。同时，对于患病母牛污染的场所进行全面消毒，防止疫情蔓延。安胎可以选择黄体酮进行肌肉注射，每日1次或隔日1次，此外应给予镇定类药物，如氯丙嗪等，也可以给予白术安胎散等中药制剂安胎。如果经过以上处理后，仍没有将病情稳定，则应进行阴道检查，通常这类情况在进行阴道检查时会伴随子宫颈口张开，如果子宫颈口张开不完全，可以肌肉注射前列腺素或地塞米松等，妊娠月份较大的可以直接将胎儿拉出，如果月份较小也应帮助患病牛排出子宫内容物。

当已经确定出现干尸化胎儿时，应用氯前列烯醇等激素，如果此时胎儿仍不能成功取出，则应及时截胎再分块取出。

若胎儿已经发生浸溶，则应尽可能地将胎骨全部取出，如果在分离过程中有困难，那么应先将大块的胎骨破坏后再取出。如果胎儿有气肿发生，则应先在胎儿腹部做一放气孔，而后待胎儿体积变小后牵引出母体，当胎儿全部取出后，要用消毒液清洗子宫，如果子宫内液体排出有困难时，可酌情使用催产素促进子宫收缩，而后在子宫内撒布抗生素，应尽量选择广谱抗生素，减轻全身症状。

三、羊的流产

（一）病因

流产的原因极为复杂。属传染性流产者，多见于布鲁氏菌病、弯杆菌病、沙门氏菌病、衣原体感染、边界病等。非传染性者，可见于生殖器官及胎儿异常；母体生理异常（营养不足、疾病）；外界因素影响（机械力量使胎盘脱离，妊娠后期运动过度，维生素A、E等营养物质缺乏，吃发霉或冰冻饲料及受疾风暴雨侵袭，饮用冷水，精神刺激，药物作用等）。

（二）临床症状

突然发生流产者，一般无特殊表现。发病缓慢者，精神不佳，食欲减退，腹痛，努责，咩叫，阴户流出羊水，待胎儿排出后稍为安静。若在同一群中病因相同，则陆续出现流产，直至受害母羊流产完毕，方能稳定下来。由于外伤致病的，羊发生隐性流产，即胎儿不排出体外，自行溶解，溶解物或排出子宫外或形成胎骨留在子宫内。受伤的胎儿常因胎膜出血、剥离，于数小时或数天才排出。

（三）诊断

根据临床症状和流产胎儿，可以作出诊断。

（四）防治

以加强饲养管理为主，重视传染病的防治，根据流产发生的原因，采取有效的防治保健措施。

对于在流产中已排出不足月胎儿或死亡胎儿的母羊，一般不需要进行特殊处理，但需加强营养。

对有流产先兆的母羊，可用黄体酮注射液（含15mg），1次肌肉注射，可连用数次。

死胎滞留的，应采用引产或助产措施。胎儿死亡，子宫颈未开时，应先肌肉注射雌激素（可用己烯雌酚或苯甲酸雌二醇）2～3mg，使子宫颈开张，然后从产道拉出胎儿。母羊出现全身症状时，应对症治疗。如果胎儿已发生腐败，首先应给子宫腔内注入高锰酸钾溶液（1：5000）100mL，然后灌入植物油，使胎儿和子宫壁分离。以后用产科钩或产科套拉出胎儿，亦可用纱布条绑住颈部或用钳子夹住下颌骨骨体向外拉。

四、犬猫的流产

（一）病因

引起流产的原因很多，归纳起来可分为普通流产和感染性流产两类。

（1）普通流产：胎儿缺陷、母体环境不良（心脏病、子宫血液灌流减少、子宫疾病、与孕酮有关的糖尿病、母体应激、药物等）、创伤均可导致流产。常发生于机械损伤、饲养管理不当、医疗错误、胎膜及胎盘异常、内分泌失调及中毒等疾病过程中。

（2）感染性流产：常发生于结核病、布鲁氏杆菌病、大肠埃希菌感染、葡萄球菌感染、胎儿弧菌病等细菌性疾病过程中，也可见于某些病毒如猫泛白细胞减少症病毒、白血病病毒等感染。还可见于弓形虫、新孢子虫、梨形虫、犬猫血巴尔通氏体等寄生虫感染时。

（二）症状

临床上可分为隐性流产、产出死胎和未足月胎儿等。

（1）隐性流产：妊娠早期，胚胎尚未充分形成胎儿，由于致病因素的作用而导致所有胚胎全部死亡，或一个胚胎死亡，其他同胎的胚胎仍然正常发育，死亡的胚胎被母体吸收，母犬、母猫不表现明显不适，只是到妊娠期满后，不产仔或产仔数少于正常。

（2）产出不足月胎儿或排出死胎、干尸化胎儿：妊娠终止后，母犬、母猫最初出现起卧不安，阴户红肿，接着出现阵痛，并从阴门流出胎水，之后排出不具有生活力或生活力较差的胎儿，或排出死胎和胎膜。如果胎儿死亡后，遗留在子宫内的时间较长，又没有腐败菌的侵入，胎儿组织中的水分被吸收，因此排出的胎儿变干，体积缩小，呈干尸样。

如果胎儿死亡后本身发生发酵分解，软组织浸浴而变为液体从阴户排出，骨骼则残留在子宫内。如果在胎儿死亡后未排出前，腐败细菌通过子宫颈管侵入胎儿体内，使其组织分解，产生气体，积于皮下组织或腹腔内，则使胎儿体积增大不能排出，此时，常见母犬、母猫腹围增大，体温升高，呼吸、心跳加快，食欲废绝，精神萎顿，腹痛不安。

（三）诊断

诊断很困难而且通常没有任何补偿意义。诊断可包括以下几个步骤：

（1）询问病史，包括可能的致畸原和动物环境的任何变化，比如引入了新的动物。

（2）检查母犬、母猫有无全身性疾病，包括血液学检查、血清生化检查和尿分析。

（3）运用超声和放射学检查方法检查子宫情况。

（4）上述检查后仍无法得出有效结论的，需要进行阴道分泌物和流产胎儿的微生物培养。

（四）治疗

首先应确定属于何种流产以及妊娠能否继续进行，在此基础上再确定治疗原则。当发现怀孕母犬、母猫出现腹痛、起卧不安、呼吸和心跳加快等临床症状，即可能发生流产，应及时安胎、保胎，可肌肉注射黄体酮5~10mg，1次/d，连用3~5d。当子宫颈口已开张，胎膜已破，胎水流出，一般无保胎治疗价值，可使用雌激素、催产素或$PGF_{2\alpha}$促进胎儿排出。

当胎儿已经腐败不能排出时，先用0.1%高锰酸钾溶液注入子宫内，再注入适量润滑剂，然后设法助产拉出胎儿，并对母犬、母猫使用抗生素抗菌消炎。

（五）预防

加强饲养管理，发情时应禁止与弓形虫阳性公犬、公猫配种；妊娠期间注意避免饲喂刺激性食物；注意运动量，避免跳楼，爬高坎等，以防止损伤胎儿；需要用药时，应防止使用有妊娠禁忌的药物。

第三节 生产瘫痪

生产瘫痪又称为产乳热、产后瘫痪，是母畜产后（或产前）由低钙血症引起的一种急性或慢性营养代谢性疾病，临床主要表现为母畜失去知觉、四肢瘫痪等，如果不进行及时治疗或治疗不当，患畜病死率非常高，对养殖业造成严重的经济损失。

一、猪生产瘫痪

生产瘫痪，又称母猪瘫痪，包括产前瘫痪和产后瘫痪，是母猪在产前产后，以四肢肌肉松弛、低血钙为特征的疾病。

（一）病因

主要原因是钙磷等营养性障碍。引起血钙降低的原因可能与以下几种因素有关：分娩前后大量血钙进入初乳，血中流失的钙不能迅速得到补充，致使血钙急剧下降；妊娠后期，钙摄入严重不足；分娩应激和肠道吸收钙量减少；饲料钙磷比例不当或缺乏，维生素D缺乏，低镁日粮等可加速低血钙发生。此外，饲养管理不当，产后护理不好，母猪年老体弱，运动缺乏等，也可发病。哺乳仔猪数多、哺乳期长的母猪发病率也较高，如果实施早期断奶，将能减少母猪产后瘫痪的发生率。

（二）临诊症状

产前瘫痪时母猪长期卧地，后肢起立困难，检查局部无任何病理变化，知觉反射、食欲、呼吸、体温等均无明显变化，强行起立后步态不稳，并且后躯摇摆，终至不能起立。

母猪产后瘫痪见于产后数小时至2～5d内，也有产后15d内发病者。病初表现为轻度不安，食欲减退，体温正常或偏低，随即发展为精神极度沉郁，食欲废绝，呈昏睡状态，长期卧地不能起立。反射减弱，奶少甚至完全无奶，有时病猪伏卧不让仔猪吃奶。

（三）诊断

根据发病史及临诊症状，可做出诊断。

（四）预防

科学饲养，保持日粮钙、磷比例适当，增加光照，适当增加运动，均有一定的预防作用。

（五）治疗

本病的治疗方法是钙疗法和对症疗法。

静脉注射10%葡萄糖酸钙溶液200mL，有较好的疗效。静脉注射速度宜缓慢，同时注意心脏情况，注射后如效果不见好转，6h后可重复注射，但最多不得超过3次，因用药过多，可能产生副作用。如已用过3次糖钙疗法病情不见好转，可能是钙的剂量不足，也可能是其他疾病。

肌肉注射维生素D_3 5mL，或维丁胶钙10mL，每日1次，连用3～4d。

在治疗的同时，病猪要喂适量的骨粉、蛋壳粉、碳酸钙、鱼粉。

为防止长期卧地发生褥疮，用草把或粗布摩擦病猪皮肤，以促进血液循环和神经功能的恢复。增垫柔软的褥草，经常翻动病猪。

二、牛产乳热（产后瘫痪、低钙血症、子痫）

产乳热或低钙血症是奶牛最常见的代谢病。通常在产犊前、产犊期或产犊的当天发生。奶牛的发病率比肉牛高，随着年龄和产奶量的增加，产乳热的发病率明显提高。产乳热可造成奶牛死亡、难产和死胎，更是奶牛猝死的最常见原因之一。

（一）病因

（1）分娩时低钙血症的诱因是形成初乳时对钙的需要量突然增加，为了满足对钙的需要，避免低钙血症的发生，增加肠道中钙的吸收，并对骨骼中的钙进一步动员，如果不能适应对钙需要的快速增加，低钙血症就会恶化，表现出产乳热的临床症状。

（2）随年龄增长、泌乳量增加，对钙的需要量增加，机体迅速动员钙的能力下降，产乳热发病率呈上升趋势。

（3）雌激素可抑制钙的动员，分娩时雌激素水平升高，这对维持血钙水平，使牛适应对钙的需求具有负效应。泌乳期中产乳热的发生通常与发情有关。

（4）分娩时或分娩前后，牛的采食量下降，因而从肠道进入体内的总钙量下降；分娩期，饲喂低钙饲料均会导致本病发生。

（5）干奶期钙的摄入量高时，甲状旁腺素分泌减少，肠道中钙吸收下降，如果钙需求量突然增加，且牛的食欲下降，不能满足机体对钙的需求。

（6）镁的摄入量下降时，可降低肠道中钙的吸收。因此饲料中镁含量不足是降低钙的吸收，引起低钙血症的因素之一。低镁血症也会抑制骨钙动员。

（7）与消化有关的问题，如酸中毒和重度腹泻，会减少肠道中可利用钙的吸收，以此可解释分娩期或发情期以外的低钙血症。

（二）临床症状

产乳热的临床症状是渐进性的。初期表现为食欲下降，昏睡和肛温下降0.5℃。随后表现为病牛以飞节直立、站立，且向两侧摆出，特别是行走时更加明显。此阶段常见病牛便秘，头与四肢的肌肉震颤。病牛还表现为感觉过敏，精神沉郁。飞节由起初的向两侧摆出发展为不能站立、共济失调，病牛卧地不起，站立困难。

兽医临床实践中，侧卧是最常见的临床症状。有的伏卧，背部经常形成明显的"S"状弯曲，随后头置于肩部嗜睡。心率轻度升高，但很少超过90次/min。瞳孔散大，光反射降低或者甚至消失。此阶段最典型的特征是肠蠕动停滞，肠道钙吸收能力进一步下降，最终导致牛昏迷。精神极度沉郁，瘤胃蠕动停止，瘤胃鼓气。昏迷期的奶牛常出现侧卧，瘤胃严重鼓气，瞳孔对光反射完全消失，最后由呼吸肌麻痹导致病牛死亡，但更常见于鼓气所致。许多病牛在沟或溪边可见，此时牛因共济失调而跌倒，这种情况下的死亡常因溺水而致。

病程从初期的食欲不振到最后的死亡时间长短不一，10～24h不等，例如有时挤奶员早晨挤奶时，见到许多牛死亡或濒临死亡，但在前一天晚上7时还相当正常。

母牛产犊时发生明显的低钙血症，会使子宫肌收缩无力导致分娩过程停止。许多子宫无力所致的难产由低钙血症引起的，如果得不到治疗，会导致死胎或胎牛出生前母牛死亡。

（三）诊断

根据临床症状及近期产犊记录可对产乳热做出诊断。一旦通过鉴别诊断排除其他疾病，最有效的诊断方法就是对治疗的反应。用葡萄糖酸钙进行静脉输液，几分钟内就见效。通常在钙制剂输完之前，牛就会有明显好转，开始排粪和嗳气。

（四）治疗

出现产乳热的临床症状时，尽可能缓慢地向静脉输入8~12g钙。治疗产乳热时，应隔离犊牛，24h内不要挤奶，患有乳腺炎的病例除外。若出现复发，通常间隔18~24h发生，需采用同样方法治疗。

（五）预防

干奶期进行血钙和血镁浓度检测，保证钙镁的摄入，维持母牛的食欲，并可补充维生素D_3及其代谢产物等。

三、羊生产瘫痪

生产瘫痪是产后（产前）母羊急性而严重的神经疾病。其特征为咽、舌、肠道和四肢发生瘫痪，失去知觉。山羊和绵羊均可患病，但以山羊比较多见。尤其在2~4胎的某些高产奶山羊，几乎每次分娩以后都重复发病。

此病主要见于成年母羊，发生于产前或产后数日内，偶尔见于妊娠其他时期。病的性质与奶牛的产乳热非常类似。

（一）病因

舍饲、产乳量高以及妊娠末期营养良好的羊只，如果饲料营养过于丰富，都可成为发病的诱因。

由于血糖和血钙降低。据测定，病羊血液中的糖分及含钙量均减低，但原因还不十分明了。可能是因为大量钙质随着初乳排出，或者是因为初乳含钙量太高之故。其原因是降钙素抑制了甲状旁腺素的骨溶解作用，以致调节过程不能适应，而变为低钙状态，而引起发病。

（二）症状

最初症状通常出现于分娩之后，少数病例见于妊娠末期和分娩过程。由于钙的作用是维持肌肉的紧张性，故在低血钙情况下病羊总的表现为衰弱无力。病初全身抑郁，食欲减少，反刍停止，后肢软弱，步态不稳，甚至摇摆。有的绵羊弯背低头，蹒跚走动。由于发生战栗和不能安静休息，呼吸常见加快。这些初期症状维持的时间通常很短，管理人员往往注意不到。此后羊站立不稳，在企图走动时跌倒。有的羊倒地后起立很困难。有的不能起立，头向前直伸，不吃食，停止排粪和排尿。皮肤对针刺的反应很弱。

少数羊知觉完全丧失，发生极明显的麻痹症状。舌头从半开的口中垂出，咽喉麻痹。针刺皮肤无反应。脉搏先慢而弱，以后变快，勉强可以摸到。呼吸深而慢。病的后期常常用嘴呼吸，唾液随着呼气吹出，或从鼻孔流出食物。病羊常呈侧卧姿势，四肢伸直，头弯于胸部，体温逐渐下降，有时降至36℃。皮肤、耳朵和角根冰冷，很像将死状态。

有些病羊往往死于没有明显症状的情况下。例如有的绵羊在晚上表现健康，而次晨却见死亡。

（三）诊断

尸体剖检时，看不到任何特殊病变，唯一精确的诊断方法是分析血液样品。但由于病程很短，必须根据临床症状的观察进行诊断。乳房通风及注射钙剂效果显著，亦可作为本病的诊断依据。

（四）预防

根据对于钙在体内的动态生化变化，在实践中应考虑饲料成分配合上预防本病的发生。在产前对羊提供一种理想的低钙日粮乃是很重要的预防措施。对于发病较多的羊群，应在此基础上，采取综合预防措施。

在整个妊娠期间都应喂给富含矿物质的饲料。单纯饲喂富含钙质的混合精料似乎没有预防效果，若同时给予维生素D，则效果较好。产前应保持适当运动，但不可运动过度。对于习惯性发病的羊，于分娩之后，及早应用下列药物进行预防注射：5%氯化钙40~60mL，25%葡萄糖80~100mL，10%安钠咖5mL混合，一次静脉注射。在分娩前和产后1周内，每天给予蔗糖15~20g。

（五）治疗

（1）静脉或肌肉注射10%葡萄糖酸钙50~100mL，或者应用下列处方：5%氯化钙60~80mL，10%葡萄糖120~140mL，10%安钠咖5mL混合，一次静脉注射。

（2）采用乳房送风法，疗效很好。

四、犬猫泌乳期惊厥症

泌乳期惊厥症又称产后搐搦症，是运动神经异常兴奋而导致肌肉强直性痉挛的一种疾病。临床上以痉挛、低钙血症和意识障碍为特征。该病发于小型母犬和高产母猫，大型犬极少发生。

（一）病因

由于胎儿的发育，骨骼的形成需要大量的钙，或由于幼犬、猫吸吮大量乳汁，使细胞外液中的钙显著降低，神经肌肉兴奋性增高，从而引起肌肉强直性痉挛。

（二）症状

产褥痉挛多在分娩后2周内突然发病，没有先兆，病犬、猫表现不安、兴奋、苦闷、时时嚎叫。步样强拘，全身肌肉间歇性或强直性痉挛，或卧地不起。从出现症状到发生痉挛的时间，短的约15min，长的约12h，体温升高达40℃以上，心悸亢进、速脉、呼吸促迫、口吐白沫，可视黏膜发绀，经过较急，如不及时治疗，多于1~2d后窒息死亡。

（三）诊断

产后哺乳期内，突然出现强直性痉挛症状，高热、喘息，再结合血液检查出现低血钙症（4~7mg/100mL）即可确诊，正常母犬血钙含量为9~12mg/100mL。临床上须与破伤风、士的宁中毒、氟乙酰胺中毒相区别。

（四）治疗

及时补充钙剂，用10%葡萄糖酸钙溶液20~40mL，缓慢静脉滴注，若心律不齐者，忌用大量钙剂静脉滴注，可改用口服葡萄糖酸钙液，每次30mL，3次/d，连续给药3~5d，也可采用口服钙片，同时配合口服维生素D 30万IU/kg体重，连用10d，母犬在24h内应与幼犬隔离。出现消化障碍时，可及时服用健胃药。

第四节 笼养蛋鸡产蛋疲劳综合征

本病又称笼养鸡软脚病，主要发生于笼养产蛋母鸡，而少见于平地散养母鸡；体型大的母鸡群较易发生，而轻型鸡较为少见。该病在笼养鸡场中时有发生，尤其多发生于高产蛋鸡的产蛋旺季，发病率可达10%~20%。生产率高、饲料利用率高的幼、母禽均可发生。

一、病因

目前对其病因尚未取得一致意见，一般认为是由于笼养鸡所处的特定环境以及矿物质、电解质失去平衡，生理紊乱所致。笼养母鸡在笼内没有活动余地，尤其是小笼饲养，每只鸡占的笼面积太小，母鸡不能舒适地蹲伏，长期缺乏活动，腿脚必然造成疲劳，腿部和躯体的骨骼发育受到影响，从而发生此病。

笼养蛋鸡比平地散养的蛋鸡，对钙、磷等矿物质的需求较高，尤其是进入产蛋高峰的高产期。如果日粮中的钙、磷不足时，为满足形成蛋壳的需要（一只年产蛋250~300枚的母鸡，形成蛋壳所需要的纯钙质不低于600~700g），母鸡就得动用本身骨骼中的钙，而后动用肌肉中的钙，同时在这一过程中常伴发尿酸盐在肝、肾内的沉积，引起母鸡新陈代谢紊乱，包括脂肪代谢，其结果引起脂溶性维生素D的吸收不良，造成钙代谢障碍，最后导致骨质疏松和软化。

由于钙、磷的化合物种类不同，其在胃、肠中的停留时间和吸收速度也不一样，比如骨粉、石粉等饲料，其吸收和排泄较快，而蚝壳粉则反之，这就是为什么在产蛋鸡的日粮中加入骨粉和石粉还会发生本病的原因。

另外，本病的发生与饲料里锰、维生素C、维生素D，尤其是维生素D的缺乏也有关。也有人认为，食盐比例不当是诱发本病的原因之一。

二、症状与病变

病初，蛋鸡食欲、精神、羽毛均无明显变化，产蛋量也基本正常。继续发展时则蛋鸡反应逐渐迟钝，食欲稍减少，两腿发软，不能站立，常呈侧卧姿势，并伴有脱水、体重下降，故又称为"笼养鸡瘫痪"。此时如能及时发现，采取措施则可很快恢复。否则症状加剧，骨质疏松，易于变形折断，使病禽躺卧或蜷伏不起，难以接近食槽、饮水器而得不到饲料和水，导致极度消瘦、衰竭而死。由于骨骼变薄、变脆，肋骨、胸骨变形，有的在笼内即骨折，有的在捕捉或转群时出现多发性骨折。肋骨骨折引起呼吸困难，胸骨骨折引起截瘫。尽管鸡严重缺钙，但产蛋量和蛋质量并未下降，直至发病的后期产蛋量方明显下降。

主要病理变化是骨骼变形和骨折，如腿骨、肋骨、胸骨、脊椎等，胸廓缩小，关节呈痛风性损害。出血性肠炎，皮肤营养障碍。镜检可见骨骼疏松，正常骨小梁结构破坏，关节呈痛风性损伤，组织出血性炎症。有的肾盂急性扩张，肾实质囊肿，有尿酸盐沉着。

三、防治

为了减少发病，减轻症状，可以采取以下措施。

（1）笼养蛋鸡饲料中磷、钙含量要略高于散养鸡，钙不低于3.2%~3.5%，有效磷保持在0.4%~0.45%，其他矿物质、维生素C和维生素D等也要满足鸡的需要。由于本病多发生在开产后或产蛋高峰期，因此在产蛋前要保证饲料中上述物质的含量。

（2）上笼的时间以17～18周龄为宜，在此以前实行散养，自由运动，增强体质。上笼后给予产蛋鸡日粮，经2～3周适应过程，可以正常开产。

（3）每只鸡占的笼面积应不少于380cm²，不要用狭小鸡笼饲养中型鸡。舍温控制在20～27℃，尽量减少应激。

平时要注意观察鸡群，发现病鸡后即挑出来散养，对这些病鸡和余下的鸡应给予磷、钙含量较高且比例适当的饲料，补充维生素D等。一般轻症的在2～3周内可恢复正常，对已骨折且严重消瘦、衰竭的病鸡应予淘汰。

第五节　胎衣不下

母畜胎盘（胎衣）在正常时间内不排出体外，称为胎衣不下或胎盘滞留。各种家畜在分娩后，如果胎衣在一定时间内不排出体外，则可认定为发生胎衣不下，其中以牛发生率最高。猪的胎盘为上皮绒毛膜型，胎儿胎盘与母体胎盘联系不如牛、羊的结缔组织绒毛膜型胎盘牢固，所以胎衣不下发生率较低。

一、猪胎衣不下

母猪分娩后1h即可排出胎衣，若3h之后，胎衣没有排出则称为胎衣不下。

（一）病因

胎衣不下主要与产后子宫弛缓，子宫收缩无力和胎盘炎症有关。流产、早产之后或子宫内膜炎、胎盘炎可引起胎衣不下。妊娠期间管理不当，母猪缺乏运动，母猪过肥，胎儿过大、过多，导致难产，子宫过度扩张，产后阵缩微弱；饲料单纯，体质瘦弱时，也可发生胎衣不下。

（二）临诊症状

胎衣不下有全部不下和部分不下两种，多为部分不下。全部胎衣不下时胎衣悬垂于阴门之外，呈红色、灰红色和灰褐色的绳索状，常被粪土污染；部分胎衣不下时残存的胎儿胎盘仍存留于子宫内，母猪常表现不安，不断努责，体温升高，食欲减退，泌乳减少，喜喝水，精神不振，卧地不起，阴门内留出暗红色带恶臭的液体，内含胎衣碎片，严重者可引起败血症。

（三）诊断

根据母猪分娩后胎衣的排出情况，不难作出诊断。

（四）预防

妊娠母猪必须供应全价饲料，注意矿物质、维生素的添加，给予适当运动和青绿饲料，能有效预防猪胎衣不下。

（五）治疗

治疗原则为加快胎膜排出，控制继发感染。

可皮下注射催产素5～10IU，2h后可重复注射1次或皮下注射麦角新碱0.2～0.4mg。还可静脉注射10%氯化钙20mL和10%葡萄糖50～100mL。若子宫内有残余胎衣碎片，可向子宫内灌注0.1%雷佛诺尔溶液100～200mL，每天1次，连用3～5d。若胎儿胎盘比较完整，可在子宫内注入5%～10%盐水1mL，可促使胎儿胎盘缩小，与母体胎盘分离。为防止胎衣腐败及子宫感染，可向子宫内投放粉剂土霉素或四环素0.5～1g。

二、牛胎衣不下

胎衣不下为牛的一种常见病，定义为产犊后12h（如果为病理性胎衣不下时这段时间延伸到24h）胎儿胎膜不分离。

（一）病因

胎儿胎膜的绒毛与母体子宫阜的分离受阻，这可能与以下几方面有关：早产（自发或诱导），参与胎衣正常产出的体液和结构条件尚未成熟；妊娠期延长可能引起的母体子宫阜过度生长；剖宫产、子宫扭转及其他难产状况引起的创伤和绒毛水肿；传染病（流产或未流产）引起的炎症反应，造成母体组织和胎儿组织粘连；胎盘充血；绒毛坏死；营养因素（维生素E或硒、维生素A缺乏）等。

（二）治疗

对于胎衣不下且患有子宫内膜炎的牛必须进行治疗，而未出现并发症的牛，则不必进行治疗。

人工去除胎衣、使用催产药物（PGF$_{2\alpha}$或类似物、催产素等）、子宫内药物治疗（抗菌、消炎）等，总之应密切监视，对表现全身症状的少数病牛及时采取支持疗法，兽医人员应当注意胎衣不下的高发牛群，以最大限度减少该病带来的损失。

（三）预防

用糖皮质激素诱导分娩牛，会使胎衣不下的发病率极大提高。而在使用糖皮质激素诱导牛的分娩，于分娩后注射PGF$_{2\alpha}$可有效减少胎衣不下的发生。加强妊娠母牛饲养管理，补充各类矿物质、维生素及钙；产前1周减少精料供给，临产母牛适当运动。做好产后护理，母牛分娩后，对外阴部及周围清洗消毒，让母牛舔舐犊牛身上的胎衣胎水，建立母子感情，尽早挤奶或犊牛吮吸初乳，促进胎衣排出，并在产后提供易于消化的日粮。

三、羊胎衣不下

胎儿出生以后，排出胎衣的正常时间在绵羊为3.5（2～6）h，山羊为2.5（1～5）h，如果在分娩后超过14h胎衣仍不排出，即称为胎衣不下。此病在山羊和绵羊都可发生。

（一）病因

（1）产后子宫收缩不足。子宫因多胎、胎水过多、胎儿过大以及持续排出胎儿而伸张过度；营养缺乏（维生素、钙盐及其他矿物质元素缺乏），容易使子宫发生弛缓；妊娠期（尤其在妊娠后期）中缺乏运动或运动不足，往往会引起子宫弛缓，因而胎衣排出缓慢；分娩时母羊肥胖，可使子宫复旧不全，因而发生胎衣不下；流产和其他能够降低子宫肌肉和全身张力的因素，都能使子宫收缩不足。

（2）胎儿胎盘和母体胎盘发生愈着。患布鲁氏杆菌病的母羊常因此而发生胎衣不下；妊娠期中子宫内膜发炎，子宫黏膜肿胀，使绒毛固定在凹穴内，即使子宫有足够的收缩力，也不容易让绒毛从凹穴内脱出来；当胎膜发炎时，绒毛也同时肿胀，因而与子宫黏膜紧密粘连，即使子宫收缩，也不容易脱离。

（二）症状及诊断

胎衣可能全部不下，也可能是一部分不下。未脱下的胎衣经常垂吊在阴门之外。病羊背部拱起，时常努责，有时由于努责剧烈可能引起子宫脱出。

如果胎衣能在14h以内全部排出，多半不会发生什么并发症。但若超过1d，则胎衣会发生腐败，尤其是气候炎热时腐败更快。从胎衣开始腐败起，即因腐败产物引起中毒，而使羊的精神不振，食欲减少，体温升高，呼吸加快，乳量降低或泌乳停止，并从阴道中排出恶臭的分泌物。由于胎衣压迫阴道黏膜，可能使其发生坏死。此病往往并发败血症、破伤风或气肿疽，或者造成子宫或阴道的慢性炎症。如果羊只不死，一般在5～10d内，全部胎衣发生腐烂而脱落。山羊对胎衣不下的敏感性比绵羊为大。

（三）预防

预防方法主要是加强孕羊的饲养管理：饲料的配合应以不使孕羊过肥为原则；每天必须保证适当的运动。

（四）治疗

在产后14h以内，可待其自行脱落。如果超过14h，必须采取适当措施，因为这时胎衣已开始腐败，假若再滞留在子宫中，可以引起子宫黏膜严重发炎，导致暂时或永久性不孕，有时甚至引起败血症。故当超过14h时，应尽早采用以下方法进行治疗，绝不可强拉胎衣，以免扯断而将胎衣留在子宫内。

（1）手术剥离胎衣。手小的术者方可进行胎衣剥离，否则勉强伸入子宫，不但不易进行剥离操作，反而有损伤产道的危险。消毒手臂做好防护后，一手握住胎衣，另一手送入橡皮管，将高锰酸钾温溶液（1∶10000）注入子宫，手伸入子宫后，将绒毛膜从母体子叶上剥离下来。剥离时由近及远，先用中指和拇指捏挤子叶的蒂，然后设法剥离盖在子叶上的胎膜，为了便于剥离，事先可用手指捏挤子叶。剥离时应当小心，子叶受到损伤时可引起大量出血，并为微生物的进入开放门户，容易造成严重的全身症状。

（2）皮下注射催产素2~3IU（注射1~3次，间隔8~12h）。如果配合用温的生理盐水冲洗子宫，收效更好。为了排出子宫中的液体，可以将羊的前肢提起。

（3）及时治疗败血症。如果胎衣长久滞留，往往会发生严重的产后败血症。其特征是体温升高，食欲消失，反刍停止。脉搏细而快、呼吸快而浅；皮肤冰冷（尤其是耳朵、乳房和角根处）。喜卧下，对周围环境十分淡漠；从阴门流出污褐色恶臭液体。遇到这种情况时，应该及早进行治疗。

第六节　产后无乳综合征

产后无乳综合征是指母畜产后无乳或者乳汁分泌不足的现象。母畜分娩后由于不能够正常泌乳，造成仔畜饥饿，营养不良，生长缓慢，使其发病率和死亡率上升，给养殖业带来较大的经济损失。

一、母猪无乳综合征

发病时间常为产后12~48h，临床特征包括母猪少乳或无乳、厌食、精神沉郁、昏睡、发烧、无力、便秘、排恶露、乳腺肿胀、对仔猪感情淡漠等，但许多患非传染性无乳症的母猪产后乳房美观、肥厚，就是没有乳汁，病理解剖发现有些母猪乳腺有炎症，而有些母猪乳腺却很正常。当暴发此病时，由于仔猪饥饿，得不到初乳，易患传染病，因此仔猪死亡率较高，对整个养猪业都产生不良影响。

（一）病因

病因多种，如应激、激素不平衡、乳腺发育不全、细菌感染、管理不当、低钙血症、自身中毒、运动不足、遗传、妊娠期和分娩时间延长、难产、过肥、麦角中毒、适应差等，而其中以应激、激素失调、传染因素和管理营养四大因素为主因。

（1）应激。由妊娠母猪舍改换到产仔猪舍、温湿度改变、妊娠末期母猪受到驱赶、日粮改变、运输、噪音等。母猪分娩（尤其是难产）、哺乳（仔猪牙齿叮咬）以及注射药物等造成的应激，其中以分娩应激最为重要。应激可导致催产素作用受阻、甲状腺功能下降，使排乳、泌乳受到影响。

（2）内分泌因素。促乳素和催产素的缺乏导致泌乳、排乳减少。

（3）营养及管理因素。消化系统紊乱以及某些饲养方法也与母猪无乳症有关。任何导致分娩时或临近分娩时食物吸收发生显著变化的管理方法都会促使此病发生。管理、环境及卫生状态好坏，如产房拥挤、噪声过高、地面潮湿、通风不佳、温度过高都可导致此病发生。

（4）传染因素。大肠埃希菌、克雷伯氏杆菌、β-溶血链球菌、葡萄球菌、肺炎杆菌、放线菌、产气杆菌、梭状芽孢杆菌、棒状杆菌、假单胞菌、支原体、霉形体等都可引起母猪泌乳失败。圈舍消毒不及时，卫生状况不佳，细菌大量滋生，最终可导致母猪诱发乳腺炎、子宫炎出现无乳现象。

（二）症状

母猪常常在分娩期间或分娩后不久有奶，其后乳汁合成和乳流完全或部分停止。患有无乳综合征的母猪，其精神状态不佳，食欲下降，粪便干结，缺乏母性，心率加快，呼吸加快，体温升高，阴门流出恶露。继发乳腺炎的母猪，会出现乳房红肿发烫现象，触摸发硬，乳汁呈黄色浓稠状，拒绝给仔猪哺乳。如因过度肥胖或瘦弱及应激因素引起的无乳，母猪乳房外观基本正常，仅出现轻微的萎缩。如因精神过度紧张引起无乳，母猪乳房充盈但无法正常泌乳，同时会出现焦躁不安甚至攻击仔猪等现象。

患病母猪母性变差，对仔猪冷漠，甚至俯卧在地，拒绝哺乳，或只在很短时间内允许仔猪哺乳，导致仔猪饥饿，血糖降低，机体抵抗力减弱，容易感染疾病，存活率下降。

（三）诊断

产后无乳或减乳，仔猪饥饿。通过观察母猪与仔猪之间的相互关系，可以很容易判定母猪是否发生泌乳失败。

（四）预防

（1）合理选种。对于乳头、乳房发育不良以及有强烈应激反应的母猪，都要采取淘汰处理。选留后备母猪时，要尽量选择泌乳力强的母猪所产的后代。

（2）科学饲养，避免应激。合理饲喂，不随意更换饲料种类及饲喂量，不提供生冷、变质饲料；保持圈舍环境卫生；产前产后要经常对乳房擦洗消毒及按摩；围产期保证充足饮水；妊娠后期适当增加运动量等。

（3）避免发生繁殖障碍性疾病。制定合理的免疫程序，提高机体免疫力，减少基础疾病，有效预防发病。

（五）治疗

（1）对出现全身症状的母猪，有明显乳腺炎或子宫炎的母猪，可选用广谱抗生素治疗。最好做药敏试验，筛选敏感抗生素进行治疗。

（2）如由于应激导致发病，可肌注催产素，或己烯雌酚；如由于过度紧张导致发病，可肌注催产素或盐酸氯丙嗪。

（3）应用催乳中药。内服人用催乳片，效果良好。

二、牛产后无乳或泌乳不足

（一）病因

大多是由于饲料不足、体弱多病、年老体弱、生产强度过大等引起的，也有的是因为乳腺发育不全、内分泌紊乱以及全身性疾病，特别是消耗性疾病（如寄生虫疾病）等造成的。

（二）症状

泌乳量不足或者无乳，乳房没有异常，没有肿胀热痛等症状，较松软。犊牛吸吮次数增加，用力抵撞乳房也吸不出多少乳汁，犊牛逐渐消瘦，发育不良。

（三）治疗

改善饲养管理，给予富含蛋白质、易消化的精料，增加青草、多汁饲料或豆浆等的饲喂量。为促进泌乳，增加泌乳量，可以用中药治疗，效果显著。如用王不留行40g、通草15g、山甲15g、苍术15g、白芍20g、当归20g、黄芪20g、党参20g，共研末，均匀拌在饲料中饲喂。此外，还可以肌注催产素。对于由于其他疾病继发感染引起的，要及时治疗原发病。

三、羊产后无乳

母羊产后或泌乳期间由于乳腺功能异常，乳汁的生成和（或）排出减少或完全停止，多见于初产母羊，不包括病理因素引起的后果。

（一）病因

（1）妊娠期间营养不足，母羊消瘦，缺少产乳的物质基础。

（2）分娩时产程延长、难产、饲料突然改变、圈舍湿冷和迁移、环境嘈杂等都能引起母羊应激，导致垂体后叶释放催产素受阻，或阻碍催产素对乳腺肌上皮细胞的作用，而不能排乳。

（3）内分泌调节功能紊乱，激素水平不平衡。

（4）与遗传因素有关。

（二）症状

无明显临床特征，主要表现为乳房小，腺体组织松软，乳头软而小，乳量明显减少，甚至完全无乳。有时母羊精神不振，食欲减少，乳汁变稀或含有絮状物。

（三）诊断

主要依据挤奶量很少或完全无乳，乳房柔软，并无发炎现象。如为排乳困难，则乳房充血、膨胀。

（四）治疗

（1）首先应改善饲养：给予青绿多汁、富含蛋白质而易消化的饲料。

（2）避免应激，给予良性刺激，定时挤奶。每次挤奶前对乳房进行热敷，并仔细充分按摩。

（3）激素疗法：在按摩挤奶后8h，肌肉或皮下注射催产素20IU，每日1次，连用3~4次。

（4）初乳疗法：取羊产后1~2d的初乳，用蒸馏水10倍稀释，加0.5%石碳酸，低温保存备用。剂量为10mL，皮下注射，每日1次，连用2~3次。

（5）可使用中药方剂，调节泌乳功能。

四、犬猫无乳症

无乳症是指犬、猫在乳房无器质性病变的情况下突然无乳汁排出。

（一）病因

尚不十分清楚。根据犬、猫无乳多发生在环境改变、惊吓或突然有生人出现等情况下推断，很可能是由于精神紧张所致。在精神紧张应激条件下，肾上腺素和去甲肾上腺素分泌增加，导致乳导管和血管平滑肌紧张度增加，到达乳腺的催产素减少、乳导管出现部分闭塞。肾上腺素也可直接阻止催产素与乳腺肌上皮细胞上的受体结合，造成排乳的外周性抑制。这种抑制即使使用外源催产素处理也难以解除。同时应激也引起中枢性抑制，使下丘脑视上核和室旁核分泌催产素的水平降低或完全停止。在多重因素的共同作用下，乳房停止排乳而致无乳症。

（二）症状

除突然无乳汁排出外，患病犬、猫常表现警觉性增高，惊恐不安，将幼仔衔至僻静处等反常现象。

（三）治疗

将患病犬、猫安置在安静、熟悉的环境中，给以富有营养的食物喂养，在食物中适当给予氯丙嗪等镇静剂；必要时可用催产素或促乳素肌肉注射，以恢复泌乳。

（四）预防

犬、猫产仔后，不要轻易改变生活环境，尽量避免突然的惊吓和生人探视，以免引起应激而导致无乳。

第七节　种公畜生殖障碍

公畜在繁殖过程中，由于某些原因使繁殖功能发生障碍而导致暂时或永久性不育，主要表现为性欲缺乏、无法完成配种或采精、精液品质下降、生殖器官发生功能性变化等。

一、种公猪繁殖障碍

种公猪繁殖障碍包括性欲减退或缺乏、不能交配、不能繁殖和阴囊炎及睾丸炎等四种情况。

（一）性欲减退或缺乏

1. 病因

公猪使用过度，老龄公猪性欲衰退，运动不足或饲料中长期缺乏维生素E或维生素A，可引起性腺退化。睾丸炎、肾炎、膀胱炎等也能引起性功能衰退。种公猪在酷暑季节性欲减退，不愿爬跨配种，尤其是过肥的种猪更明显。不同品种也有差异性，大白猪和约克夏猪爬跨欲旺盛，而汉普夏、杜洛克猪性欲偏低。从内分泌角度上讲，种公猪性欲低下往往是由于睾丸间质细胞分泌的雄激素量减少所致。甲状腺功能不全也可能是本病发生的因素。

2. 症状

见发情母猪，性欲迟钝，厌配或拒配。公猪爬跨母猪阳痿不举，有些公猪交配时间不长，射精不足。

3. 防治

要有专门为种公猪用的配合饲料，建立合理的配种制度，也可进行人工授精。对性欲不强、射精不足的种公猪，精液严禁使用。对于缺乏性欲的种公猪可1次皮下或肌肉注射甲睾酮30～50mg。

（二）不能交配

有的种公猪虽然有性欲，但却不能交配；有的猪因外伤、蹄炎及交配后跳落地面时脱臼而产生疼痛时不能交配，有的精液性状虽正常，但阴茎先天性不能勃起。对于性欲、精液正常的种公猪，可采精其精液进行人工授精而停止交配。因阴茎损伤而不能交配的猪可用2%硼酸水洗净治疗，对于先天性不能交配的猪应予淘汰。

（三）不能繁殖

一般种公猪夏季精子生成功能减退，精液品质不良（精液量少、精子数少、活力降低），因此夏季母猪的受胎率大有下降的趋势。这是因为气温升高，睾丸中精子生成功能降低、甲状腺功能减退等。

对于患有精子减少症的公猪，可肌注eCG 200IU。此外在人工授精和自然交配前应检查精液品质，母猪受胎要求有活力的精子在20亿以上，精液量在50mL以上。

（四）阴囊炎及睾丸炎

1. 病因

阴囊炎的发生常因打撞引起血肿、水肿，多数病例为一侧性的。睾丸炎是睾丸被打撞、咬伤、夏季高温以及其他热性疾患（布鲁氏杆菌病、棒状杆菌病）所引起的。

2.症状

以局部伴发痛性肿胀为主要特征。剧痛、潮红、肿胀及硬固，呈全身性热候。食欲降低，不愿行动。如为外伤性的，阴囊液增加，并发生血肿。急性时疼痛严重，转为慢性时疼痛减轻。若转成睾丸实质炎则变硬。多进一步恶化、发展为坏疽，或引起腹膜炎而死于败血症、脓毒症。

3.治疗

若种公猪阴囊发生红肿热痛并且全身体温持续性超过40℃以上时，首选对阴囊用冷水敷。涂以鱼石脂软膏。其次再将抗生素、蛋白质分解酶注入阴囊，早期处理可经几个月自然恢复。若转为慢性时，因丧失生殖力而予以淘汰。

二、公牛不育

公牛不育可表现为不能交配和射精、正常交配时受胎率低等。

（一）症状及病因

（1）不能交配和射精。先天性欲低下、配种过度、疼痛（阴茎和/或包皮损伤）、生殖器官疾病、季节（过冷或过热）、受到社群地位高的公牛威慑导致性抑制、营养过剩或不良、外科疾病（蹄病、跗关节病、膝关节病、脊柱疾病）、心理疾病等原因导致。

（2）正常交配时受胎率低。衰老、配种过度、睾丸发育不良及萎缩、精子储存运输障碍、副性腺疾病等导致精液品质不佳。

（二）防治

（1）生殖器官发育异常及衰老的公牛应及早淘汰。

（2）由继发疾病造成的，应及时治疗原发病。

（3）合理饲养，注意营养配合，适当运动，配种/采精制度合理，适当更换台畜，采精时注意假阴道环境，按照操作规程进行，切忌不良刺激。

（4）用PMSG、hCG促进精子发生与成熟，提高精液品质。

三、种公羊阳痿病

种公羊的阳痿症，是指阴茎不能勃起，或虽然勃起却不能继续维持足够硬度而完成交配。可分为先天性、老龄性、营养性、生殖器官疾病性4种。

（一）病因

（1）管理不善是发生该病的主要原因。老龄、过肥、长期营养不良、疼痛和交配环境不适宜、采精技术不良、更换采精人员、配种过度等。

（2）适应新环境过程中出现的不良现象。

（3）损伤引起的。可以是神经系统损伤，也可以是器质性损伤，例如先天性或后天性损伤造成阴茎海绵体破裂，可导致血管出现交配通枝。亦见于龟头及阴茎疾病引起的疼痛；尿道结石形成的射精受阻；腰、臀、四肢部位的创伤、骨折、关节炎、蹄病等引起后肢疼痛不能负重，使之爬跨及交配极度困难。

（4）过量使用雌激素、阿托品、巴比妥等药物。

（5）原发性睾丸发育不全。

（6）甲状腺功能不足，导致内分泌异常。

（二）临床症状

患病种公羊有性反射，交配时阴茎不能勃起或勃起无力。阴茎麻痹，垂屡不能缩回，虽然用力爬跨，但不能完成交配过程。

阳痿在公羊交配时不难被人发现，但要确切地找到原因，则需详细地了解观察：由于饲养不良，常使公羊消瘦、倦怠；过于肥胖，则行动不灵活，表现呆笨；因配种过度，可引起公羊精神萎靡，呈现疲乏状态；因疼痛疾病引起的，则不愿或不能爬跨。

（三）诊断

根据病因和临床症状，可以确诊。

（四）治疗

（1）对先天性和老龄性的阳痿羊，无治疗价值，应及早淘汰。

（2）由于阴茎海绵体出现血管交通支和神经系统损伤引起者，无有效疗法。

（3）由继发疾病造成的，应及时治疗原发病。

（4）由营养、环境等引起者，首先消除病因，从改善饲养管理、精心放牧，加强运动、改换台羊、变更交配环境、减少交配频率等着手。一般采取与发情母羊同圈、同群、同放牧的措施，效果不明显时，可应用激素类药物或中药方剂治疗。

四、犬猫不育症

公犬、猫的不育症是指公犬、猫达到配种年龄却不能正常交配或交配正常却不能使母犬、猫受孕的疾病。

（一）病因

（1）先天性障碍，包括隐睾、睾丸发育不全等。

（2）功能障碍。主要是性欲缺乏，配种时不爬跨、阴茎不能勃起，饲养管理不当，营养不良；或营养过剩，缺乏运动，公犬、猫肥胖虚弱无性欲；受到某种原因的惊吓，交配时得不到快感，不适宜的交配环境，长期禁闭均可使公犬、猫性欲降低；变更交配环境或在交配时有生人出现或其他犬猫出现，都会干扰配种过程，使性欲发生反射性抑制；雌雄不分舍或不分群而自由交配过度等，都会影响公犬猫的性功能。

（3）生殖器官疾病引起精液品质不良，无精子、少精子、死精子、精子畸形、精子活力不强等。除某些传染病（布鲁氏杆菌病、钩端螺旋体病等）、寄生虫病、内科病、外科病可引起不育外，睾丸炎、睾丸萎缩、阴囊炎、附睾炎、前列腺炎、尿道炎、包皮过长、包皮口过小及阴茎系带异常等生殖器官疾病，可引起性欲缺乏、交配困难及精液品质不良造成不育。

（二）症状

主要表现为性欲下降，配种后不能使母犬、猫受孕。有的可表现阳痿、早泄；有的可发现阴囊内无睾丸；如性欲旺盛交配困难时，检查包皮和阴茎，常可发现包皮口过小及阴茎系带异常等。

（三）诊断

根据临床表现不难诊断。对能配种却不能使母犬、猫受孕者，可采集精液进行检查，常会发现精液品质低劣、精子数量减少、畸形精子多、精子活力差等。

（四）治疗

查明原发病因，积极治疗原发病。对先天性发育不全者，应及早去势淘汰；对因饲养管理不良所致的，要加强饲养管理；对于阳痿或性欲下降者，可使用睾酮，也可用hCG、PMSG等给予治疗；如因布鲁氏杆菌、结核菌引起的，应予以淘汰，不得作为种用。

（五）预防

合理搭配饲料，全面营养。积极治疗原发病。及早淘汰先天性发育不全的犬猫，以防下一代出现先天性不育。

第八节 肢/趾端肥大症

腺垂体分泌的生长激素是一种能够促进动物骨骼生长的激素物质，并且能够促进动物内脏以及全身的生长发育，对动物十分重要。由于动物成年后，骨骺端已经闭合，若此时生长激素分泌过多，可能会导致肢端肥大症。肢端肥大症（acromegaly）是指由于垂体前叶持久地分泌过量的生长激素所引起的一种疾病，通常伴有垂体瘤。生长激素分泌过多，导致结缔组织增生、骨骼过度生长、脸面粗糙和内脏增大的一种疾病。该病一些品种的母犬多发，猫也有发生。

一、病因

犬多见于长期使用黄体酮或间情期内源性黄体酮分泌过多引起，有时由垂体肿瘤引起。猫最常见于垂体肿瘤。体内过量黄体酮也能促使垂体分泌大量生长激素。垂体分泌的生长激素具有两方面作用：一是促进合成代谢，它是类胰岛素生长因子，具有促进骨骼、软骨、结缔组织、骨骼肌和心肌生长的功能；二是促进分解代谢，它是通过生长激素中抗胰岛素肽起作用，此种肽能使脂肪分解和产生高糖血症，从而导致糖尿病。

二、症状

生长激素分泌过多会影响全身软组织，甚至会导致全身软组织增生，从而使患病动物出现面部容貌的改变，颧骨、额骨、上颌骨等部位增大突出，牙齿也会因为增生而出现咬合错位，手指变形等骨关节疾病。如犬脸部变宽，脸和颈部多皱褶，齿间距离增大，腹部膨大。表现迟钝，头低和呆立。由于舌头增大，出现喘鸣声。乳房上软组织出现肿块。患病老年犬、猫厌食，易疲劳。多饮多尿，严重者发生糖尿病。猫多表现心肌和关节疾病。

三、诊断

患病动物碱性磷酸酶活性增高，高糖血，红细胞容积稍减少。诊断根据病史、症状和实验室检验做出诊断。舌、咽喉区的X线片可见软组织呈弥散性增生。CT扫描脑垂体，诊断其肿瘤。另外，还可利用生长激素抑制试验来诊断。肢/趾端肥大症活动期可出现基础代谢率增加等类似甲状腺功能亢进症状，但甲状腺摄取率正常，甲状腺素水平偏低或正常，疾病后期可因垂体功能下降而出现甲状腺功能减退，可与甲状腺功能亢进鉴别。本病应与软腭过长、咽麻痹、甲状腺肿瘤、糖尿病和肾上腺皮质功能亢进区别。由于生长激素对代谢的促进作用，肢端肥大症患病动物可出现基础代谢率增加等类似甲状腺功能亢进症状，但甲状腺摄取率正常，甲状腺素水平正常或偏低，疾病后期可因垂体功能下降而出现甲状腺功能减退，可与甲状腺功能亢进鉴别。

四、治疗

如肢端肥大症是因黄体酮用药所致，应停止其使用，使血液生长激素含量减少，恢复正常软组织生长，一般需6~8周。内源性黄体酮过多，可手术摘除卵巢、子宫。不管是停用黄体酮或是手术摘除卵巢子宫，都要注意动物胰岛素减少或消失后的影响。手术、放疗或是运用生长抑素类似物等药物治疗能有效地降低血生长激素和甲状腺激素水平，可以减少或减轻甲状腺弥漫性肿大及结节的发生。应用左旋甲状腺素也可以抑制甲状腺弥漫性肿大和多发结节发生，但要警惕甲状腺素毒血症的出现。

第九节　尿崩症

哺乳动物的下丘脑神经垂体束（hypothalamo—neurohypophyseal tract）由下丘脑室旁核（paraventricular hypothalamic nucleus, PVN）和视上核（supraoptic nucleus, SON）大细胞神经元发出的神经轴突形成，轴突延伸至垂体后叶，主要有合成、转运和释放大细胞神经元分泌的精氨酸加压素（arginine vasporessin, AVP）和催产素（oxytocin, OT）的功能。精氨酸加压素分泌进入血液后，通过肾脏调节水、电解质的平衡，维持内环境稳定。而缺乏精氨酸加压素则会出现尿量增多、尿比重减少、多饮等症状。

一、病因

尿崩症（DI）是由于下丘脑—神经垂体功能低下，抗利尿激素（ADH）分泌和释放不足，或者肾脏对ADH反应缺陷而引起的一种临床综合征。

二、症状

尿崩症（DI）主要表现为多尿、烦渴、多饮、低比重尿和低渗透压尿。病变在下丘脑-神经垂体称为中枢性尿崩症（CDI），病变在肾脏者称为肾性尿崩症（NDI）。以老龄动物多见，但偶尔也可见于年幼的动物。中枢性尿崩症（central diabetes insipidus, CDI）是鞍区神经外科常见的疾病之一，多数是由于创伤、肿瘤或手术对下丘脑、垂体和垂体柄等蝶鞍区结构的损伤从而导致精氨酸加压素合成或分泌减少，在神经外科病例中，颅咽管瘤是鞍区的常见的鞍区肿瘤，严重的水、电解质紊乱是常见的术后并发症。

三、诊断

根据慢性多饮多尿，持续低比重尿（1.001～1.005），首先应与尿失禁和尿频相区别。尿失禁和尿频可由后部尿道感染或炎症、神经性疾病等引起。这些需要在一般检查中加以排除。在临床上还应与肾上腺皮质功能亢进和肝功能障碍的精神性多尿等病相鉴别。鉴别方法有禁水试验和注射抗利尿激素两种。

禁水试验是使患病动物的膀胱排空后，测定体重，停止给水和饲料。每隔1h称量犬体重并测定排泄的尿和膀胱内潴留尿的比重（渗透压），当体重减少3%～5%时停止试验。若尿不浓缩，体重急剧下降则为阳性。禁水试验可以证明患病动物失去浓缩尿液的能力，尽管有时表现严重的脱水。

抗利尿激素试验是抗利尿激素（ADH）以区分中枢性尿崩症和肾性尿崩症。当使用外源性ADH后，中枢性尿崩症患病动物浓缩尿液，对外源ADH做出应答，然而，肾性尿崩症患病动物不能对外源ADH作出应答反应。

四、治疗

本病关键在于明确其发病原因。轻症的不必治疗，重症的可用长效1-去氨-8-D精氨酸加压素（DDAVP）1～4mg肌肉注射，也可点鼻治疗。噻嗪类利尿剂，每天1～2mg/kg体重，也能起到抗利尿的作用。

第十节　甲状腺功能减退

甲状腺位于喉和气管的腹侧、甲状软骨附近，呈左右两叶，中间由峡部相连。甲状腺激素是由甲状腺所分泌的激素，作用于动物机体几乎全部细胞，为酪氨酸碘化物。甲状腺激素有促进新陈代谢和发育，提高神经系统的兴奋性；呼吸、心跳加快，产热增加的作用。

一、病因

甲状腺功能减退（简称甲减）是由于甲状腺功能发生异常而引起甲状腺激素分泌相对不足或合成减少而导致动物机体内分泌紊乱的一类综合性疾病。

二、症状

原发性甲状腺功能减退通常发生在4～10岁的大中型犬，两岁以下犬发病较少。病初易于疲劳，睡觉时间延长，喜欢温暖地方，脑反应迟钝，体重增加，甚至呕吐或腹泻。皮毛干燥，被毛呈对称性大量脱落，再生不延迟，皮肤色素增多，出现皮脂烂和瘙痒。因黏液性头面部皮肤增厚有皱褶，眼睑下垂，外貌丑陋。母犬发情减少或不发情，公犬睾丸萎缩无精子。血清学检验胆固醇、肌酸激酶（CK）、甘油三酯和脂蛋白浓度升高，动物出现中等正染性红细胞性贫血。先天性继发性甲状腺功能减退的症状，类似垂体性侏儒症。后天性继发性甲状腺功能减退多由肿瘤引起，临床上以沉郁、嗜睡、厌食、运动失调和癫痫发作等神经症状为主。先天性第三性（下丘脑性）甲状腺功能减退临床上类似于先天性继发性甲状腺功能减退，患犬痴呆，行为迟钝，生长发育缓慢。头颅增大变宽，腿短，产下几周后生长速度明显变慢。后天性第三性（下丘脑性）甲状腺功能减退，患犬精神差，嗜睡，但机智和反应基本正常。

三、诊断

甲状腺功能减退症是一种慢性疾病，早期症状不明显，很难表现出典型的临床症状，需要综合鉴别，再结合实验室血清学方法来诊断该病。目前用来诊断甲减的方法主要有内分泌诊断（甲状腺功能检测）、影像学诊断和遗传学诊断。但临床上最常用的方法是检测甲状腺功能。一旦TT4的含量下降，提示疑似甲减，诊断敏感性高达90%，特异性为75%。目前，对甲状腺功能更具有诊断意义的指标是FT4含量，大部分研究认为FT4的含量几乎不受非甲状腺疾病的影响，通过测定血清FT4浓度诊断出甲减的特异性大于90%；但是血清FT_4浓度在甲状腺功能减退早期可能处于正常范围，所以FT_4的诊断敏感性大约为80%。诊断的另一个依据是患病动物长期出现脱毛现象，而且胆固醇高于正常值。由于甲状腺素的分泌相对不足，肝细胞表面低密度脂蛋白与胆固醇结合受体的数量减少，从而引起低密度脂蛋白对胆固醇的分解减少，致使胆固醇的含量升高。所以从脱毛症状结合T4、CHOL可以确诊为该动物患有甲减。患病动物还可表现为多饮、多食、多尿，以及双眼同时伴发白内障的典型糖尿病的临床症状。

四、治疗

患病动物可口服左甲状腺素钠，并且皮下注射门冬胰岛素，同时建议少食多餐，宠物还可选喂糖尿病处方粮。中兽医根据症状综合辨证，治疗原则为健脾益气、活血化瘀、温补脾肾阳气，采用针灸和中药相互配合治疗。

第十一节　甲状腺功能亢进症

甲状腺功能亢进症（hyperthyroidism），简称甲亢，是指甲状腺受肿瘤等因素影响，甲状腺素生成过多，基础代谢增加和神经兴奋性增高，临床上以甲状腺肿大、烦渴、贪食、消瘦、心功能变化为特征。本病常见于猫，尤其是老年猫，其次是犬。动物中甲亢大多由良性或恶性肿瘤所致。因此，兽医临床上称之为甲状腺肿瘤和甲状腺功能亢进症。

犬甲状腺功能亢进症（hyperthyroidism）多发生在4～18岁，拳师犬、比格犬和金色Retriever易发。猫的甲状腺肿瘤多发生于中年至老年猫（4～22岁），中位数年龄为13岁，性别间无明显差别。

一、病因

犬甲状腺功能亢进系甲状腺肿瘤引起。犬甲状腺原发性肿瘤的1/3是腺瘤，2/3是腺癌。甲状腺原发性腺瘤的15%和腺癌的60%呈现临床症状，其他的只有在尸体解剖时才能发现。甲状腺腺瘤通常直径小于2cm，很薄，呈透明囊样。个别的较大，具有厚的纤维囊，囊内充满黄褐色液体。甲状腺腺癌常转移到肺脏和咽背淋巴结，拳师犬最易患甲状腺腺瘤。

猫的甲状腺腺瘤通常是两侧性的，而分散性腺瘤和腺癌则是单侧性，且很少转移。恶性肿瘤发病率比犬低。猫的甲状腺肿瘤临床识别率和发生率有逐年增多的趋势。近年来尸检发现90%的老龄猫发生甲状腺腺瘤或腺瘤性增殖。

二、症状

犬甲状腺功能亢进初期，出现多尿，烦渴，食欲增强，随后体重减轻、清瘦。心搏和脉性亢盛，心电图电压升高。喜欢冷的地方，烦躁不安。从咽到胸口沿气管两侧进行颈下触诊，可摸到肿大的甲状腺肿瘤（正常摸不到）。

猫甲状腺功能亢进发生缓慢，9岁以下的患猫很少出现临床症状。9岁以上的患猫突出症状是消瘦和食欲旺盛。排粪次数增多和量大，粪便发软，多尿和烦渴，烦躁不安，喜欢走动，经常嘶叫，讨厌日常的被毛梳理。心脏增大，心搏增快，心律不齐有杂音，心电图电压升高。甲状腺瘤性增殖发生在一侧或两侧甲状腺，呈中等程度肿大，而甲状腺腺瘤和腺癌通常呈块状明显肿大，在咽至胸口的颈腹侧，用手指仔细触诊，常可摸到肿大的甲状腺。

三、诊断

实验室检验：犬血浆中甲状腺素和三碘甲腺原氨酸浓度升高。当肿瘤肿大或发现后1～2个月内生长迅速，可以基本上诊断为甲状腺腺癌。

实验室检验：猫血浆中T_3和T_4浓度升高，谷氨酸氨基转移酶（ALT）、天门冬氨酸氨基转移酶（AST）和碱性磷酸酶活性也升高。

四、治疗

早期尚未转移的甲状腺癌，采用外科摘除术。两个甲状腺都被摘除，需终生饲喂甲状腺粉。已发现转移或难以完全摘除的甲状腺腺癌，不要手术摘除，可进行放射碘疗法。

甲状腺腺瘤通常个体小，生长慢，如果影响了甲状腺功能时，甲状腺肿瘤可行手术摘除。如甲状腺严重功能亢进，并有一系列合并心脏功能不好，术前需先做一段时间抗甲亢的治疗，以稳定心脏功能。如口服丙硫氧咪唑阻断甲状腺合成甲状腺素，以控制甲亢。待血浆中T_3和T_4浓度降低，心脏功能好转，然后再进行手术摘除。

第十二节　甲状旁腺功能减退

　　甲状旁腺是位于甲状腺内部或甲状腺附近的1～2对的豆状腺体，分泌的甲状旁腺激素主要参与血钙、血磷的调节。甲状旁腺功能减退症（hypoparathyroidism）是由于甲状旁腺激素分泌不足或分泌的甲状旁腺激素不能正常地与靶细胞作用引起的疾病。本病常发生于贵宾犬、德国史揉查狓、拾猎犬、德国牧羊犬和狈类犬种等。临床上以血钙浓度下降、肌肉痉挛或搐搦甚至惊厥发作、血清无机磷浓度升高为特点。

一、病因

　　甲状旁腺损伤是主要原因。甲状腺手术不慎损坏甲状旁腺，或将腺体的血管切断，造成腺体萎缩、淋巴细胞浸润。此外，淋巴细胞、浆细胞浸润，和成纤维细胞及毛细血管增生，使甲状旁腺主细胞萎缩、消失或被取代也可造成甲状旁腺功能减退。犬瘟热病毒颗粒侵入甲状旁腺主细胞，造成PTH分泌减少。主细胞内缺乏某些酶，甲状旁腺素原转变为甲状旁腺激素作用受阻，组织学检查正常，但功能减退，称自发性甲状旁腺功能减退。颈区肿瘤压迫腺体，使之萎缩，亦可产生甲状旁腺功能减退症。

二、症状

　　由于甲状旁腺激素缺乏，血钙浓度进行性降低，临床上突出表现为神经、肌肉兴奋性增强，全身肌肉抽搐、痉挛，患犬虚弱、呕吐、神态不安、神经质和共济失调。个别肌群出现间歇性颤抖，进而发展成全身搐搦或痉挛。同时，由于肾小管重吸收磷增加，血磷浓度严重升高。心电图QT间期和ST波延长，T波变小。

三、诊断

本病根据明显的低钙血症、痉挛和搐搦可作出初步诊断。但应注意与降钙素分泌过多症和母犬产后搐搦相区别。

降钙素分泌过多症（hypercalcitoninism），发生率很低，在犬已有报告，主要原因是甲状腺髓质癌，又称C细胞癌。病犬颈前方有硬块，呈现慢性水泻。肿瘤细胞内存在着许多膜性分泌颗粒。由于降钙素长期慢性分泌过多，血钙浓度处于正常范围的下限或低于正常，但一般不产生低钙性搐搦。

产后搐搦，主要发生于分娩前后的母犬及母猫，表现为血钙浓度下降（小于1.75mmol/L），血磷及葡萄糖浓度亦下降。但本病发作迅速，每8～12h发作1次，且体温常升高。

四、治疗

在急性抽搐的情况下，应静脉注射10%葡萄糖酸钙溶液（犬10～30mL，猫5～15mL）或5%氯化钙溶液（犬5～18mL，猫3～7mL）进行治疗。如动物长期性甲状旁腺素缺乏，可通过饲喂高钙低磷性食物来维持。另外，还可在食物中添加维生素D。同时口服氢氧化铝胶以减少消化道对磷的吸收，控制血磷水平。

用维生素D治疗，根据患犬的大小，每天可给大剂量维生素D 25000～50000IU。治疗期间，为了防止高血钙和软组织钙化，可通过血钙检验来调节维生素D的剂量。每5d检验1次血钙水平，变换1次维生素D剂量。一旦血钙水平恢复正常，即可确定维生素D的维持剂量。有的患犬通过向食物中添加钙制剂，如每天给犬猫1～4g碳酸钙，就能长期稳定血钙水平。

第十三节　甲状旁腺功能亢进

甲状旁腺功能亢进症（hyperparathyoidism）是由于甲状旁腺激素分泌过多，从而引起机体钙、磷代谢紊乱的疾病。临床上呈现血钙浓度升高、骨盐溶解性骨质疏松、泌尿道结石或消化道溃疡等特征。主要发生于犬和猫。

一、病因

甲状旁腺功能亢进（Hyperparathyroidism）临床上分为原发性、假性和继发性3种。

原发性甲状旁腺功能亢进是由甲状旁腺主细胸腺瘤致使甲状旁腺激素分泌过多的结果。甲状旁腺瘤通常是单个的，邻近甲状腺，有的在纵隔前部的心脏基部。在纵隔前部心脏基部的甲状旁腺肿瘤，为胚胎发育期间，异位甲状旁腺基移位到胸腔发育而成。

假性甲状旁腺功能亢进是非甲状旁腺组织恶性肿瘤，由于其过量分泌类甲状旁腺激素多肽或其他促进血钙水平升高的物质所致，如直肠周围的泌离腺（apocrine glands）腺癌，此种腺癌主要发生在老龄母犬，并且易转移到髂淋巴结和腰下淋巴。淋巴肉瘤和恶性淋巴瘤也能引起犬猫高钙血症。

继发性甲状旁腺功能亢进症可分为肾性和营养性两种。肾性多发生在老龄犬、猫的慢性肾功能不全，如间质性肾炎、肾小球肾炎、肾硬化和肾淀粉样变性，以及青年犬的先天性肾异常，如肾皮质发育不完全、多囊肾和两侧性肾盂积水等。肾功能不全降低了肾1, 25-羟维生素D的生成，从而减少了肠道对钙的吸收，产生低血钙，导致甲状旁腺过量分泌和增生。营养性继发性甲状旁腺功能亢进，主要是食物中钙少或钙正常而磷过多引起。食物中钙少使动物血钙水平降低，低血钙可反射性引起甲状旁腺分泌增强，久而久之导致甲状旁腺增生。高血磷虽然不能直接引起甲状旁腺分泌增强，但能使血钙降低，间接地引起甲状旁腺分泌增强和增生。

二、症状

原发性和假性甲状旁腺功能亢进，由于甲状旁腺激素或类甲状旁腺激素多肽等分泌过多，促进肠道对钙吸收和肾脏排钙减少，长时间分泌过量促使骨骼破坏，钙被吸收进入血液，产生特征性高钙血症。高钙血动物表现沉郁、厌食、呕吐、便秘、心动徐缓、多尿和烦渴，以及全身肌肉软弱。骨骼由于脱钙变软、变脆，犬猫出现跛行，长骨容易骨折。脸部骨骼肥厚，鼻腔变窄，上下颌骨粗糙增厚，口腔关闭困难，牙齿松动。

原发性和甲型甲状旁腺功能亢进症最明显的症状是血清钙离子浓度升高，同时产生呕吐、厌食、便秘、全身神经和肌肉兴奋性降低等现象。病情进一步发展可出现骨骼严重脱钙，引起骨软症和纤维性骨炎。病犬表现跛行、骨折、面骨肥厚、鼻腔不完全堵塞，牙齿松动、脱落或陷入齿槽中等典型的纤维性骨炎的症状。当脊椎骨产生压迫性骨折，挤压脊髓和神经时，引起运动和感觉功能障碍，引起假性甲状旁腺功能亢进的泌滴腺癌位于肛门腹侧，紧连肛门呈硬块状，而患此种腺癌动物，甲状旁腺常萎缩变小。血钙浓度一般在2.25～2.75mmol/L，原发性甲状旁腺功能亢进的犬，可高达3.00～5.00mmol/L，血磷浓度小于1.29mmol/L。血浆碱性磷酸酶（ALP）活性升高，尿磷浓度升高，尿钙浓度正常，但有时也升高，有时有肾钙沉着和尿石症。用放射免疫技术测定血浆PTH浓度升高。

肾性继发性甲状旁腺功能亢进是由慢性肾功能不全引起的，其症状除原发性甲状旁腺功能亢进症状外，还有肾功能不全和尿毒症一系列症状。由于肾性继发性甲状旁腺功能亢进多发生在老龄犬猫，因此，脸面骨肥厚变化不如原发性的明显，应用X线照相，可发现骨骼脱钙，骨小梁稀疏。

营养性甲状旁腺功能亢进主要发生在以肉食和肝脏为主的年青犬猫，因为肉食中钙少磷多，钙和磷比例为1∶50～1∶20（正常钙与磷比例为1.2∶1.0）。患病犬猫表现安静，不愿活动，喜欢侧卧，后肢跛行，步法蹒跚，易发折叠式骨折。

三、诊断

原发性和假性甲状旁腺功能亢进，可根据特征性骨骼病损和X线影像变化，结合血钙升高，血磷降低，碱性磷酸酶活性升高建立诊断。尿中羟脯氨酸钙和磷浓度升高，由于尿钙浓度升高，可产生肾钙质沉着和尿结石。原发性甲状旁腺功能亢进时，用放射性免疫试验测定血液中甲状旁腺激素，发现其浓度升高。

继发性甲状旁腺功能亢进，实验室检验血钙和血磷浓度降低，碱性磷酸酶活性升高，尿中钙和磷浓度降低，肾性继发性甲状旁腺功能亢进肾功能异常，营养性继发性甲状旁腺功能亢进肾功能正常。

四、治疗

原发性和假性甲状旁腺功能亢进的治疗，首先是确定肿瘤所在部位，然后手术摘除肿瘤，如果4个甲状旁腺都肿大，摘除时应保留1个或半个。由于甲状旁腺激素的半衰期仅为20min，手术后血液中甲状旁腺激素浓度将迅速降低，12～24h内血钙浓度也降低，甚至会出现低血钙搐搦。因此，手术12h后应静脉输注10%葡萄糖酸钙注射液10～40mL，以后补给高钙食物和维生素D，每天100IU/kg体重。

肾性继发性甲状旁腺功能亢进是由慢性肾功能不全引起的，首先治疗肾脏疾病。如肾脏疾病难以治愈，为了缓解甲状旁腺功能亢进和骨骼脱钙，可补给动物钙质和维生素D。

营养性继发性甲状旁腺功能亢进主要是食物中矿物质平衡失调或钙缺乏引起，治疗方法是调整食物中钙与磷比例，在严重病势情况下，首先，在食物中添加乳酸钙或碳酸钙，使食物中钙与磷比例为2∶1。另外，可肌肉注射维生素D，通常治疗8～9周，动物基本痊愈，然后再将食物中钙与磷比例调为1.2∶1.0。治疗期间要注意护理，以防发生骨折、褥疮和便秘。

第十四节　糖尿病

糖尿病（diabetes mellitus）是指胰腺兰格罕氏小岛的胰岛素分泌不足引起的碳水化合物代谢障碍性疾病。临床上以烦渴、多尿、多食，体重减轻和血糖升高为特征。犬、猫均可发生，两者发病率相同，有报道其发病率为1∶500～1∶100。

一、病因

在犬猫糖尿病的诸多因素中，主要有胰岛细胞损坏、遗传、食物性肥胖、激素异常和应激等。胰岛β细胞损伤是糖尿病发生的主要原因，最常见的损伤原因是胰腺炎，其他还有外伤、手术损伤和肿瘤等，使胰岛素分泌减少。

近年来对犬糖尿病流行病学研究发现，本病在某些犬种有家族史，如匈牙利长毛牧羊犬、迷你杜宾犬等较其他品种犬有更高的遗传倾向性，但猫却没有明显的遗传倾向。因此，可以说遗传因素与某些品种犬糖尿病的发生有一定关系。

长期营养过量，使动物过度肥胖，从而招致可逆或不可逆性胰岛素分泌减少。某些药物，如糖皮质激素、孕激素、非类固醇类消炎镇痛药（阿司匹林、消炎痛）等均可引起糖耐受减退，提高血糖水平。但多数为可逆性，即停药后，高血糖恢复正常。某些疾病、创伤、手术等引起与胰岛素相拮抗的激素水平升高，也会引起血糖升高和糖尿，如生长激素、肾上腺皮质激素、胰高血糖素等。母犬发情时释放的雌激素和孕激素能降低胰岛素作用，因此，母犬发情期间可出现糖尿症。

在诸多原因引起的胰岛素相对或绝对减少情况下，从食物或从糖原异生作用获得的葡萄糖，不能正常地利用或转化，使血糖浓度升高，产生高糖血症。血糖过高，超过葡萄糖的肾糖阈值（犬为10～12.2mmol/L，猫为11.1～17.8mmol/L）时，便产生糖尿。糖尿除引起高渗性多尿和烦渴外，由于血糖、能量代谢紊乱，导致饥饿而多食。当胰岛素缺乏时，动物体内蛋白质和脂肪的合成减少，分解加强使体重减轻。糖尿病动物有三多一轻临床症状，即多尿、多饮、多食和体重减轻。糖尿病进一步发展，由于胰岛素减少，增加脂肪分解，血浆游离脂肪酸浓度升高。在正常情况下，脂肪酸进入肝脏，主要合成脂肪，少量进行 β 氧化。当糖尿病时，大量脂肪酸进行 β 氧化生成乙酰辅酶A，乙酰辅酶A难以进入三羧酸循环，也难以合成脂肪酸，于是大量乙酰辅酶A生成酮体，结果发生酮血病和酮尿病。酮体能降低血液缓冲作用，引起血液中氢离子增多，碳酸氢盐减少，从而导致高糖血性酮酸中毒。患糖尿病时高渗性多尿，不仅丧失大量水分、钠、钾和氯离子，而且也使血液浓稠，发生肾前性尿毒症。

二、症状

典型糖尿病主要发生于较年老的犬、猫，其中犬发病年龄最高为7～9岁，猫为9～11岁。小于1岁的犬、猫也可发生"青少年"糖尿病，但不常见。母犬发病约是公犬的2倍，猫主要见于去势的公猫。糖尿病的典型症状是多尿、多饮、多食和体重减轻，尿液带有特殊的甜味，似烂苹果（丙酮味）。尿比重加大，含糖量增多，一般尿中含葡萄糖超过正常的4%～10%，甚至高达11%～16%（犬）。更严重病例，见有顽固性呕吐和黏液性腹泻，最后极度虚弱而昏迷，称糖尿型昏迷，亦称酮酸中毒性昏迷。另外，早期约25%病例从眼睛晶状体中央开始发生白内障，角膜溃疡，晶状体混浊，视网膜脱落，最终导致双目失明，并在身体各部出现湿疹。有时出现脂肪肝，有些病例尾尖坏死。患犬猫伤口不易愈合，易发尿路感染。

三、诊断

根据犬、猫的年龄、病史、典型症候及定量测定尿糖和血糖进行诊断，必要时作糖耐量试验诊断。为估计β细胞功能，也可测定血胰岛素含量。

葡萄糖耐量试验是按每千克体重1.75g葡萄糖，配成25%溶液口服。试验前饥饿24h，口服前及口服后30min、60min、90min、120min和180min分别采血，测定其血糖水平。正常犬在口服葡萄糖溶液60～90min后，血糖恢复到正常范围，糖尿病患犬需要时间较长。

四、治疗

首先限制碳水化合物的摄入，同时进行药物治疗。犬猫糖尿病是胰岛受损伤，胰岛素分泌减少引起的，治疗主要应用胰岛素。常用的有低精蛋白锌（NPH）胰岛素和精蛋白锌胰岛素（PZI）等。低精蛋白锌胰岛素皮下注射后1～3h发挥作用，4～8h血中浓度达高峰，作用时间为12～24h。精蛋白锌胰岛素皮下注射后3～4h发挥作用，14～20h达高峰，作用时间为24～36h。犬最初胰岛素剂量为0.5～1.0IU/kg体重，猫对外源性胰岛素敏感，最初剂量为0.25IU/kg体重。为了充分发挥药效，又避免出现急性低血糖，每天早晨应检验尿液中酮体和葡萄糖，然后再治疗和饲喂。当动物出现低血糖现象，会表现虚弱和疲倦，此时应立即口服葡萄糖浆。如动物发生搐搦，可将糖浆涂在手指上，抹入动物口颊部黏膜上，或静脉注射50%葡萄糖溶液5～10mL。其他原因引起的胰岛素相对减少性糖尿病，可口服甲糖宁，每次0.2～1.0g，每天3次。或用优福糖，0.2mg/kg体重，每天1次口服。

第十五节　肾上腺皮质功能减退

肾上腺是动物机体内相当重要的内分泌器官，由于位于两侧肾脏的前缘，故名肾上腺。肾上腺左右各一，位于肾的上方，共同为肾筋膜和脂肪组织所包裹。左肾上腺呈半月形，右肾上腺为三角形。从侧面观察，腺体分肾上腺皮质和肾上腺髓质两部分，周围部分是皮质，内部是髓质。两者在发生、结构与功能上均不相同，是两种不同的内分泌腺。肾上腺皮质由外到内分三带：球状带、束状带、网状带。分别分泌盐皮质激素、糖皮质激素、性激素。盐皮质激素主要调节机体水、盐代谢和维持电解质平衡。糖皮质激素主要与糖、脂肪、蛋白质代谢和生长发育等有关。肾上腺皮质激素分泌的性激素量很小，也不受性别影响。

肾上腺皮质功能减退症（hypodrenorisim），又叫阿狄森氏病（Addio's disase），是指双侧肾上腺皮质因感染、损伤和萎缩，引起皮质激素分泌减少，临床以表现体虚无力、体重减轻、血清钠离子浓度下降，钾离子浓度升高为特点。本病主要发生于幼龄至中年犬，6个月龄即可患病。没有品种和体形大小的差异。猫尚未见报道。

一、病因

按发病原因分原发性和继发性肾上腺皮质功能减退两种。原发性肾上腺皮质功能减退多见于自身免疫性肾上腺皮质萎缩、组织胞浆菌等深部真菌感染、肾上腺皮质淀粉样变性，出血性梗死、腺癌转移、某些药物、X线照射等引起肾上腺皮质损伤。继发性肾上腺皮质功能减退一般是由于丘脑-垂体前叶受到损伤和破坏，引起促肾上腺皮质激素释放激素（CRF）和促肾上腺皮质激素（ACTH）分泌不足，出现肾上腺皮质功能减退。肾上腺皮质抑制药物，如双氯苯二氯乙烷（O，P′-DDD）损害了肾上腺皮质，抑制了醛固酮和皮质醇的合成和分泌。造成体内钠离子从尿、汗、粪中大量丢失，同时机体脱水、血容量下降、肾小球滤过率下降，最终引起氮血症，高钾血症和中等程度酸中毒，加重了肾上腺皮质功能减退。

二、症状

病犬精神沉郁，体质衰弱，肌肉松软，脉性细弱，心搏徐缓，不爱吃食，嗜睡，呈现进行性消瘦，股痛，有时呕吐或腹泻，机体脱水，齿龈毛细血管再充盈时间延长（正常值为1.0~1.5s）。

实验室检验白细胞总数及淋巴细胞增多。血液尿素氮浓度升高，呈现肾前性氮血症，血氯和血钠浓度降低，血钾浓度升高，出现高钾血症。阿狄森氏病患犬血钠与血钾之比低于27∶1（正常为27~40∶1）。血浆碳酸氢盐浓度降低，呈现中等程度酸中毒。X线照片心脏缩小。患犬常因高钾血症，心电图发生异常，当血清钾超过5.5mmol/L时，T波高竖，Q-T间期缩短；血钾超过7.0mmol/L时，P波振幅缩小，持续时间延长。P-R间期延长；血钾超过8.5mmol/L时，P波缺失，QRS波群短而宽。

三、诊断

根据病史调查、临床特点和实验室检验进行诊断。其中ACTH刺激和试验内源性ACTH测定。ACTH刺激后血浆中皮质醇浓度升高，则为继发性肾上腺皮质功能减退，病变在垂体或下丘脑；如皮质醇浓度低于正常，则为原发性肾上腺皮质功能减退。另外，内源性ACTH测定结果原发性的病例ACTH浓度升高，继发性的其浓度则降低。还应区别其他原因的低钠血症和高钾血症，如由于肾小管损伤、过多使用利尿剂、呕吐、腹泻等均引起钠离子浓度下降。急性肾功能衰竭、酸中毒、各种原因的溶血性疾病及血清制备过程中红细胞破裂等，都可引起血钾浓度过高。

四、治疗

急性阿狄森氏病的治疗原则是纠正动物脱水，电解质不平衡和酸中毒，提供糖皮质激素。在急性脱水休克情况下，首先静脉输注生理盐水，第1h 20~80mL/kg体重，并将2~10mg/kg体重琥珀酸钠脱氢皮质醇，添加入上述溶液混合输注；如出现低血糖时，可加输5%葡萄糖生理盐水；为了纠正酸中毒需添加输注碳酸氢钠溶液。以后可根据实验室检验结果，输注液体、电解质和纠正酸中毒，但要每隔2～6h，按2～4mg/kg体重，输注一次地塞米松，或肌肉注射2.2mg/kg新戊酸盐脱氧皮质酮，每25d1次。

当动物处于稳定状况时，改用口服醋酸氟氢可的松片（每片含0.1mg）维持治疗，20kg体重的犬，每天服用2～4片，不宜间断，但可按犬体重大小适当增减。也可应用皮下植入醋酸脱氢皮质酮丸（125mg），每丸可维持10个月，10个月后取出旧丸另植新丸。在进行上述治疗的同时，还要多补饲食盐，每隔3个月应进行一次体检和实验室检验。

第十六节 肾上腺皮质功能亢进

肾上腺皮质功能亢进症（hyeradrenooricismn），又称库兴氏综合征（Cshing's syndrome）。由于肾上腺皮质增生，或因垂体分泌ACTH过多，引起以糖皮质激素分泌过多为主的肾上腺皮质功能亢进。临床上以引起多尿、烦渴、贪食、肥胖、脱毛和皮肤钙质沉着现象为特征。主要发生于中、老年犬（2～16岁），峰期发病年龄为7～9岁，性别、品种间无明显差异，亦散发于猫。

一、病因

在正常情况下，肾上腺皮质只有在促肾上腺皮质激素（ACTH）作用下才分泌皮质醇，当皮质醇超过生理水平时，ACTH分泌就停止。库兴氏综合征多是由于皮质醇或ACTH分泌失控引起的，即肾上腺不受ACTH作用能自行分泌皮质醇，或皮质醇对ACTH分泌不能发挥正常的抑制作用。库兴氏综合征原因有4种：第一，垂体性库兴氏综合征，即垂体肿瘤性功能异常，大量分泌ACTH，使两侧肾上腺皮质增生，皮质醇分泌过多。这种垂体肿瘤生长缓慢，个体极小，尸体解剖时垂体外观正常，内含嗜碱性粒细胞腺瘤或厌色腺瘤，或两种腺瘤同时存在，占库兴氏综合征80%以上。第二，肾上腺皮质肿瘤能在无ACTH释放的情况下，自动分泌皮质醇，如皮质腺瘤和癌。一般为单侧性，个别为双侧性，多数属自发性肿瘤。肾上腺皮质肿瘤可占自发性库兴氏综合征的7%～15%。第三，由于大量使用糖皮质激素或ACTH医治动物疾病引起。第四，某些非垂体肿瘤分泌ACTH，促使肾上腺皮质大量分泌皮质醇，称为异位ACTH综合征，犬猫少见。不论何种原因，其结果是糖皮质激素分泌过多，也有其他皮质激素分泌过多的现象。

二、症状

犬库兴氏综合征所有的症状，都与血液中糖皮质激素浓度升高有关。由于糖皮质激素浓度升高发展过程缓慢，因此，通常需要1～6年时间，才能发现动物患了库兴氏综合征。

病犬最初表现烦渴、多尿和贪食，喝水量为正常犬的2～10倍，食量增大，爱偷食和偏嗜垃圾。腹部增大下垂呈壶腹状，躯干肥胖，肌肉松软，不爱跑跳和爬高活动，嗜睡，运动耐力降低。个别患犬发生肌肉强直，呼吸短而快，严重病例出现呼吸困难。

库兴氏综合征与甲状腺、卵巢、睾丸和生长激素等内分泌功能紊乱一样，也出现内分泌性脱毛。脱毛特点呈对称性。脱毛部位有颈部、躯干、会阴和腹部，病情严重动物，全身被毛大部分脱光，只剩下头和四肢上部被毛。患库兴氏综合征病猫，也呈全身对称性脱毛。皮肤萎缩变薄，容易形成皱褶。毛囊内充满角蛋白和碎片，颜色变黑，成为黑头粉刺。异常的毛皮和毛囊，抵抗力降低极易挫伤感染，发生局限性或弥漫性脓皮病。全身多处真皮和皮下常有钙质沉着，称为异位钙质沉着。

库兴氏综合征由于垂体促性腺激素释放减少，患病母犬发情周期延长或不发情，公犬睾丸萎缩。当肾上腺皮质增生或肿瘤时，产生过量雄激素，使母犬阴蒂增大。

实验室检验中性粒细胞和单核细胞增多，淋巴细胞和嗜酸性粒细胞减少。血糖和血钠浓度升高，血尿素氮和血钾浓度降低，血浆皮质醇浓度通常升高。丙氨酸氨基转移酶和碱性磷酸酶活性升高，溴磺酞钠（BSP）滞留时间延长，血浆胆固醇浓度升高，并出现脂血症。患犬尿液稀薄，比重低于1.007，但停止给水后，仍有浓缩尿能力。犬库兴氏综合征常伴发尿道感染，因此，进行尿中微生物培养和药敏试验，需用膀胱穿刺采集的尿液。

腹部X线照片，可见肝脏肿大，腰椎骨质疏松，有时真皮和皮下有钙质沉着。胸部X线照片，可见气管环和支气管壁上有异位钙沉着，胸椎也有骨质疏松。

三、诊断

临床上根据多尿、烦渴、血清电解质不变、肚腹渐渐增大、四肢渐渐萎缩、被毛脱落和皮肤色素沉着及钙沉着、血浆ALP活性升高、尿比重下降等特点，可作出初步诊断，但应与糖尿病、尿崩症、肾功能衰竭、肝病、高钙血症、充血性心力衰竭等相区别。过量糖皮质激素使血压升高、血容量增加，因而增加了心脏负担，心肌肥大。由糖皮质激素引起心肌肥大的同时，常伴有纤维素增生和瓣膜性疾病，使用洋地黄效果不佳，从听诊和心电图检查可以区别。诊断中还应区分是否是垂体性、自发性或医源性肾上腺皮质功能亢进。垂体性可引起肾上腺皮质增生，激素分泌无明显的昼夜间节律变化；而自主性肾上腺皮质增生，除可使ACTH量负反馈性分泌减少外，非增生部分肾上腺皮质萎缩；医源性肾上腺皮质功能亢进，双侧性肾上腺皮质萎缩。还可用下述方法进行区别。

（一）ACTH刺激试验

先禁食，采血测定皮质醇浓度，然后肌注肾上腺皮质激素，2h后再测定皮质醇浓度。正常犬血清皮质激素浓度为27.59～137.95nmol/L（10～50pg/L）。如果皮质醇浓度比用药前血样中的浓度高3～7倍，即可确诊为垂体性库兴氏综合征，若低于正常值，可确定为功能性肾上腺皮质肿瘤性库兴氏综合征。还可测定内源性ACTH，浓度升高为垂体性库兴氏综合征，浓度降低为肾上腺皮质肿瘤性库兴氏综合征。

（二）地塞米松抑制试验

地塞米松可抑制垂体分泌ACTH，或者是抑制下丘脑分泌皮质激素释放激素。低剂量的地塞米松静脉注射后，可使皮质醇分泌减少。清晨采取受试犬血样，然后静脉注射地塞米松（每千克体重0.01mg），以后第3h、第8h再采血样，如皮质醇浓度减少至275.9nmol V/L（10pg/L）以下，为正常或轻度肾上腺皮质增生的犬；如皮质醇浓度在386.26nmo/L（14pg/L）以上，则为库兴氏综合征；如用大剂量地塞米松（每千克体重0.1～1.0mg）皮质类固醇无甚变化，则意味是癌，尤其是皮质癌，其分泌皮质类固醇不受地塞米松影响；如其浓度下降至用药前的50%～75%，则表明是垂体性肾上腺皮质功能亢进。

四、治疗

库兴氏综合征治疗的主要目的是使血液中皮质醇降到正常水平。如由肿瘤引起，应予以切除；肿瘤切除后注意防止激素缺乏。由垂体或肾上腺皮质肿瘤引起的库兴氏综合征，可行垂体或肾上腺切除术，动物切除垂体后无ACTH分泌，切除肾上腺后，无糖皮质激素分泌，它们终生需要糖皮质激素治疗。

药物治疗可用双氯苯二氯乙烷（O, P′–DDD），主要用于治疗垂体性或肾上腺皮质增生性库兴氏综合征。治疗开始25mg/kg体重，口服每天2次，直到动物每天每千克体重需水量降到60mL以下后，改为每7～14d给药1次，以防复发。此药对胃有刺激作用，用药3～4d后如出现食欲减少、呕吐等反应，可将药物分成少量多次服用或停止几天给药。也可用酮康唑，开始7d，5mg/kg体重，每天2次。然后10mg/kg体重，每天2次，连用7～14d，酮康唑能阻断肾上腺皮质合成和分泌皮质醇。也可试用放射治疗肿瘤。

第五章　动物常见其他代谢病

第一节　应激

1936年，加拿大病理学家塞里（Selye）首先提出了应激或应激反应学说。应激是指外界环境和内在环境中一些具有损伤性的生物、物理、化学刺激以及精神或心理上的刺激作用于机体，使机体产生的一种非特异性全身适应性反应。

一、病因

实践中引起应激的原因很多，主要是环境因素导致动物处于不适应和激动状态，引起动物非特异反应的结果。

应激原（stressors），如温度变化、电离辐射、精神刺激、过度疲劳、畜舍通风不良及有害气体的蓄积、日粮成分和饲养制度的改变、动物分群、断奶、驱赶、捕捉、运输、剪毛、采血、去势、修蹄、检疫、预防接种等影响动物正常生理活动。在我国大部分地区，夏季出现持续性的高温天气导致动物出现热应激反应。一般认为，动物最适的环境温度为18~24℃，超过32℃即可发病。热应激对家禽的危害最为严重，在产蛋鸡，适宜温度为13~27℃，最大饲料效率的温度为27~29℃。在肉鸡最大增长速度的温度为10~22℃，最佳饲料效率的温度为27℃。

猪在保定、运输、配种、兴奋或运动等应激因素的作用下可发生猪肉苍白、松软、渗出性猪肉（PSE），干燥、坚硬、色暗的猪肉（DFD）和成年猪背肌坏死（BMN）等为特征的应激综合征与野生动物捕捉性肌病极为相似，瘦肉型、肌肉发达、生长快的品种最为易感。吸入麻醉剂（如氟烷、氯仿等）和使用去极化肌松药（如琥珀酰胆碱及肾上腺素能的激动剂）也可诱发本病。该病与遗传有关，主要是常染色体隐性遗传，导致骨骼肌钙动力的异常，已鉴定出多种不同的表现型，其遗传特征在品系甚至群体之间有差异。据报道，皮特兰猪、丹麦长白猪、波中猪和艾维因肉鸡均为应激敏感品种。

二、临床症状

动物应激表现多种多样。

（一）主要表现类型

1. 猝死型

即所谓"突毙综合征"，主要是动物受到强烈应激原刺激时，不表现任何临床病症而突然死亡。如运输中的动物受到应激原的强烈刺激、高温、拥挤或惊恐，有的牛在运输开始后仅2~4h就突然昏迷倒下，呼吸极度困难，全身颤抖，对人为驱赶无任何反应，于10min内死亡。

2. 神经型

患猪表现肌纤维颤动，特别是尾部，背肌和腿肌出现震颤，继而肌颤发展为肌僵硬，使动物步履艰难或卧地不动。患牛则表现高度兴奋，颈静脉怒张，二目圆睁，大声吼叫，常以头抵撞车厢壁，不断磨牙，几分钟后倒下，呼吸浅表，有间歇，有的牛从口鼻喷出粉红色泡沫，很快死亡。

3. 胃肠型

常见于猪和牛。临床上呈现胃肠炎、瘤胃胀气、前胃迟缓、瓣胃阻塞等病症。剖检可见胃黏膜糜烂和溃疡。

4. 恶性高热型

常见于运输途中的肥猪、肉牛、鸡、鸭等。主要由于运输应激、热应激、拥挤应激及击打应激等，多表现为大叶性肺炎或胸膜炎症状。体温极度升高，牛体温达42℃以上，皮温增高，触摸有烫手感；猪体温达40.5~41℃，并居高不下，每5~7min可升高1℃，直至临死前可达45℃。白色猪的皮肤出现阵发性潮红，继而发展成紫色，可视黏膜发绀，最后呈现虚脱状态，如不予治疗，80%以上的病猪于20～90min内进入濒死期，死后几分钟就发生尸僵，肌肉温度很高。死后剖检，多数有大叶性肺炎或胸膜炎病变。

5. 全身适应性综合征

乳牛、乳山羊、仔猪、繁殖雌畜受严寒、酷暑、饥饿、过劳、惊恐、中毒及预防注射等诸多因素作用引起应激系统的复杂反应。表现为警戒反应性休克、体温降低、血糖下降、血压下降、血液浓缩、嗜酸性粒细胞减少等。与此同时，出现体温升高，血压增高，血容积增大，两者相互交错、掩映，易于混淆。

6. 慢性应激综合征

多数应激原强度不大，持续或间断引起的反应轻微。主要表现在生产性能降低，防卫功能减弱，易继发感染。这类疾病在营养、感染及免疫应答的相互作用较为常见。

7. 生产性能下降

畜禽经长途运输后，即使不发生死亡，亦会表现生产性能下降，如产蛋母鸡停止产蛋或品质下降，又如猪呈现PSE型猪肉、DFD型猪肉、背最长肌坏死等。

（二）不同动物的临床表现

1. 家禽热应激

热应激主要由环境温度和湿度过高共同作用而产生的非特异性应答反应。热应激可导致行为异常，出现翅膀下垂，张口呼吸，饮水量增加，活动量减少，常寻找阴凉、通风或潮湿的地方伏卧。同时引起食欲下降和多种代谢异常（如体温升高，电解质、酸碱和激素平衡失调，组织损伤），鸡在高温环境中1h即可出现代谢性碱中毒。肉鸡生长缓慢，饲料报酬降低。母鸡产蛋量和蛋壳质量下降，蛋壳表面粗糙变薄、变脆、破蛋率上升。30℃高温持续2d，蛋鸡饲料消耗量和料蛋比显著下降，35℃持续6d，产蛋率、蛋重、饲料消耗量、料蛋比和体重均显著下降。热应激不仅发生于高温和潮湿的热带地区，而且也发生于温带地区，夏季在隔热良好的禽舍中也发生热应激。另外，鸡热应激时抑制免疫功能，对疾病的抵抗力降低，容易继发呼吸道疾病和溃疡性肠炎，并易受葡萄球菌、大肠埃希菌、绿脓杆菌的侵袭，对新城疫、传染性喉气管炎及禽出血性败血症的易感性增加。

2.猪应激综合征

初期表现尾、四肢及背部肌肉轻微震颤，很快发展为强直性痉挛，运步困难。由于外周血管收缩，白猪皮肤出现苍白、红斑及发绀。心动过速（约200次/min），心律不齐，呼吸困难，甚至张口呼吸，口吐白沫，体温升高（5~7min升高1℃，死前可达45℃）。若不及时治疗可出现昏迷、休克、死亡。死后几分钟内发生尸僵，肌肉温度升高，高浓度的乳酸降低了肌肉的pH（小于5）。当尸体冷却后，肌肉pH迅速上升，背部、股部、腰部和肩部肌肉最常受害，Ⅱ型纤维比例高的肌肉如半腱肌和腰肌受害最严重。急性死亡的病猪，肌肉在死后15~30min呈现苍白、柔软、湿润，甚至流出渗出液，即所谓PSE猪肉。反复发作而死亡的病猪，可能在腿肌和背肌出现DFD猪肉。肌肉的组织学变化无特异性，主要表现为肌肉纤维横断面直径的变化和玻璃样变性。

3.野生动物应激

被捕获管束之后常发生"捕捉性肌病综合征"，表现为出汗，肌肉震颤，运动强拘，四肢屈曲和伸展困难，行走后躯摇摆，最后四肢麻痹，不能站立，卧地不起，有肌红蛋白尿。主要因乳酸中毒而急性死亡或肌肉僵硬。主要的病变在骨骼肌，表现为出血，纤维肿胀，横纹消失，酸性粒细胞增多，透明变性或颗粒变性，严重者肌纤维断裂、坏死，并有多形核白细胞浸润。

三、病理变化

（1）内分泌变化应激使内分泌发生变化。研究表明，猪和母羊运输应激后30min，血浆皮质醇浓度即达峰值，运输结束后迅速下降到基值。禽类的糖皮质激素主要是皮质酮，而皮质醇仅在胚胎肾上腺被合成，孵出后不久皮质醇的合成便停止。因此，检测禽类血浆中皮质酮水平是一项有效的应激指标，这是家禽在应激状态下皮质醇水平不升高的原因。另外，应激使畜禽血浆肾上腺素浓度迅速升高，而血浆去甲肾上腺素浓度变化不大。应激还可引起血浆中甲状腺素（TQ）和三碘甲腺原氨酸（T_3）水平增高，其中T_4于运输开始后10min达峰值，T3于15~20min达峰值，而生长调节素（SM）水平下降。

（2）免疫功能的改变应激影响机体的免疫功能。应激原的作用经下丘脑-垂体-肾上腺皮质轴，促使糖皮质激素分泌，从而抑制机体的体液免疫和细胞免疫，降低对某些疾病的抵抗力，其机制为：①降低巨噬细胞的吞噬功能，抑制对已吞噬物质在细胞内的消化；②有溶解B细胞的作用，从而减少B细胞的数量；③引起T协助细胞分泌的细胞再生因子即白介素（IL-2）和淋巴细胞活素减少，从而抑制浆细胞产生抗体的作用；④抑制免疫细胞对葡萄糖的摄取以及细胞内蛋白质的合成；⑤抑制淋巴细胞游走及摄取异物的能力，并使细胞数量减少；⑥抑制胸腺内淋巴细胞的有丝分裂，抑制淋巴细胞的DNA合成，影响小淋巴细胞向T细胞转化；⑦抑制T细胞向抗原沉积处移行；⑧阻止致敏的T细胞释放淋巴细胞活素；⑨抑制中性粒细胞释放溶酶体。另外，应激还可使体内自由基产量增加，从而消耗抗氧化剂——生育酚，进一步影响机体内维生素E的含量，使机体的抗病能力降低。

（3）血液其他主要生化指标的改变　应激情况下，动物血清肌酸磷酸激酶（CPK）、天门冬酸氨基转移酶（AST）、乳酸脱氢酶（LDH）等活性均有不同程度的升高，而片羟丁酸脱氢酶活性降低，其中CPK是肌细胞特异酶，CPK活性显著升高是肌细胞膜系统受损的一个重要指标。应激使血液pH值降低（小于6），血液乳酸盐和丙酮酸盐含量增加，血液乳酸水平可达27.8～33.3mmol/L（250～300mg/dL），严重者达47.18mmol/L（425mg/dL）（正常值小于11.1mmol/L，即100mg/dL）。动脉血二氧化碳分压升高，氧消耗量增加，血浆儿茶酚胺、钾、磷浓度增加。鸡热应激时，血糖、血清总蛋白和白蛋白含量显著下降。

四、发病机制

应激反应的发生机理十分复杂，目前仍不完全清楚。

动物在应激原的作用下，通过神经—内分泌途径动员所有的器官和组织来应对应激原的刺激。交感神经首先兴奋，肾上腺髓质使肾上腺素和去甲肾上腺素的分泌增多，参与物质代谢和循环系统的调节，引起心率加快，搏动增强，血管收缩，血流加快，血糖升高。同时，下丘脑受到刺激，分泌促肾上腺皮质激素释放激素（CRH），刺激垂体前叶促肾上腺皮质激素（ACTH）分泌，ACTH进入血液循环促进肾上腺皮质合成糖皮质激素，加强肝脏糖原的异生作用，增加肝糖原储备。

机体在应激原的作用下，下丘脑分泌促甲状腺素释放激素（TRH）增多，最终使甲状腺素的合成和分泌增加，导致体内基础代谢率增高，糖原分解加强，加速脂肪的分解和氧化，影响机体的物质代谢和能量代谢。另外，下丘脑促性腺激素释放激素（GnRH）和垂体前叶促性腺激素分泌减少，引起睾丸、卵巢、乳腺发育受阻，功能减退，临床表现繁殖功能下降甚至不育。有研究发现，交感神经兴奋和血液中儿茶酚胺增加能刺激胰岛 α 细胞，使胰高血糖素分泌加强，促进糖原分解和糖原异生，使血糖升高。

应激的发生与机体内自由基作用有直接关系。机体在应激原的作用下，体内脂质过氧化加剧，自由基生成过多，组织中超氧化物歧化酶（SOD）、谷胱甘肽过氧化物酶（GSH-Px）及过氧化氢酶（CAT）活性降低，对已生成的自由基清除减慢，使体内细胞和亚细胞膜脂质产生毒害作用，膜结构受损，膜蛋白的结合酶筑基被氧化，离子通道微环境破坏，导致Ca^{2+}大量涌入细胞浆和线粒体。Ca^{2+}是肌肉收缩的触发剂，与ATP作用释放能量，导致肌肉收缩甚至震颤，同时儿茶酚胺进一步释放，肌糖原发生无氧酵解，最终导致乳酸产生过多，肌肉损伤，体内产热增加，体温升高。由此可见，抗自由基功能不足的动物，对应激刺激更敏感，容易发生应激性疾病。根据应激原的作用，临床上将机体发生应激反应的过程分为三个阶段。

（1）惊恐反应或动员阶段。指机体受到应激原刺激后，尚未获得适应，对应激原做出的最早反应。初期体温、血压下降，血液浓缩，神经系统抑制，肌肉紧张度降低，进而发生组织降解，低氯血，高钾血，胃肠急性溃疡，机体抵抗力降低，此阶段称休克期（shock phase）。经过几分钟至24h后，机体防卫反应加强，血压升高，血液中钠和氯含量增加，血钾减少，血糖升高，分解代谢加强，胸腺、脾脏和淋巴系统萎缩，嗜酸性粒细胞和淋巴细胞减少，肾上腺皮质肥大，机体总抵抗力提高，进入反休克期。

（2）适应或抵抗阶段。在此阶段机体逐渐适应了应激原的作用，新陈代谢趋于正常，同化作用占优势，血液中白细胞和肾上腺皮质激素含量趋于正常，机体的全身性非特异性抵抗力提高到正常水平以上。

（3）衰竭阶段。表现与惊恐反应相似，但反应程度急剧增加，出现各种营养不良，肾上腺皮质激素含量降低，异化作用重新占主导地位，体重急剧下降，机体各种储备转竭，新陈代谢出现不可逆的变化，适应能力显著降低，甚至死亡。

　　应激反应涉及神经系统、内分泌系统及免疫系统的一系列活动，主要通过神经—内分泌途径，动员机体所有器官和组织来对付应激原的刺激，中枢神经系统特别是大脑皮质起整合调节作用。

　　动物在应激过程中，分解自身组织，生成能量，并把这些能量定向地用于特定组织，同时也减少供应于其他组织的能量。能量产生、分配和利用的过程中，激素作用于靶器官或靶组织，通过改变控制代谢途径的调节酶的活性而使许多代谢过程有机地发生变化。在应激时，脂肪酸、葡萄糖和某些蛋白质分解供能。同时，在能量足够时也合成急性期蛋白（acute phase protein）。在物质再分配过程中，组织中的矿物元素含量也发生变化。应激时动物出现其他物质代谢的变化如下。

　　（1）物质代谢的变化。应激时激素分泌的变化导致物质代谢的变化。动物应激初期，儿茶酚胺类激素启动肝糖原降解，则血糖迅速上升，导致胰岛素分泌增加，促进葡萄糖的肝外摄入。在禁食时，血糖下降引起胰岛素分泌减少，胰高血糖素和皮质醇的分泌增加，促进糖原异生和肝、肾中葡萄糖的合成，同时促进糖原、蛋白质和脂肪的降解。在应激时，所有组织利用葡萄糖生成能量，而且禁食也能引起葡萄糖的短期下降，为防止红细胞和中枢神经系统缺乏葡萄糖，皮质醇阻止葡萄糖转运到其他组织。机体需要胰岛素促进葡萄糖转运到除肝、红细胞和中枢神经系统以外的其他组织，但此时血液中低的胰岛素含量使葡萄糖滞留在血池（blood pool）中，引起血糖升高。皮质醇也保证合成葡萄糖所需碳源的供给，在应激和能量不足时，大多数组织中蛋白质的合成减少，某些组织中的蛋白质被优先降解为氨基酸用于葡萄糖的合成和能量的生成。

　　（2）能量代谢的变化。除红细胞和中枢神经系统外，其他组织的能量主要来源于脂肪酸的氧化分解。应激时，促肾上腺皮质激素、促甲状腺素、肾上腺素、去甲肾上腺素和胰高血糖素促进脂肪分解生成脂肪酸。脂肪组织分解生成的脂肪酸与血液中的白蛋白结合运输，导致血液中的游离脂肪酸含量升高。在采食的动物中，部分游离脂肪酸在肝中经氧化磷酸化途径供能，游离脂肪酸的主要代谢途径是在肝中转化为极低密度脂蛋白（VLDL）而重新转运到血液中。然而，当动物被禁食时能量和VLDL的生成都显著降低，从而游离脂肪酸潴留在肝中。为了防止脂肪肝的发生和把能源运输到其他组织，游离脂肪酸转化成酮体。酮体在循环血液中的积累可导致代谢性酸中毒。据报道，刚到肥育场的牛会受运输应激而生成大量酮酸和乳酸，醛固酮和皮质醇的大量分泌及组织分解，引起Ca、P、K、Mg、Zn、Cu的严重缺乏。酸中毒还抑制1, 25-二羟钙化醇［1, 25 - （OH）$_2$D$_3$］的合成，影响钙、磷平衡，幼单核细胞和单核细胞分化为巨噬细胞的过程以及巨噬细胞功能的发挥。

（3）蛋白质和氨基酸代谢的变化。禁食初期，肝、肾和肠细胞中的蛋白质首先降解，生成游离氨基酸并被分解产生能量或转运到其他地方利用。氨基酸分解过程产生的氨基被 α-酮酸"捕获"，生成丙氨酸和谷氨酰胺。胰高血糖素使骨骼肌中丙氨酸的生成多于谷氨酰胺，丙氨酸比谷氨酰胺为更好的糖异生原料。在应激过程中，谷氨酰胺的最重要功能是在组织间运输氮，作为核酸、核苷酸和蛋白质合成的前体，进而为细胞增生提供原料。因而谷氨酰胺能被快速增生细胞（如肠细胞和淋巴细胞）优先利用，并通过生成尿素来调节酸碱平衡。在中性 pH条件下，绝大多数血液中的丙氨酸、谷氨酰胺和由肌蛋白降解生成的氨基酸一起转运到肝脏，进入各自的代谢途径。应激时，皮质醇增加转氨酶的活性，使丙氨酸和谷氨酰胺脱去氨基，经糖异生途径生成葡萄糖；同时生成的氨与其他终产物一起进入尿素循环。另外，胰高血糖素和糖皮质激素增强尿素循环酸的活性。因此，动物在应激下蛋白质降解多时，血液中尿素水平升高。当肌蛋白降解时，肌酸从肌组织中释放出来，则血液中肌酸水平也升高。

动物受到应激原作用后，免疫力下降，对某些传染病和寄生虫病的易感性增加，降低预防接种的效果。

五、诊断

根据遭受应激的病史，结合遗传易感性和休克样临床表现，如肌肉震颤、体温快速升高、呼吸急促、强直性痉挛等，即可做出初步诊断。测定血液有关指标有助于诊断。该病应与高热环境中强迫运动所致的中暑或剧烈运动后引起的肌红蛋白尿相鉴别。

六、防治

（一）治疗

消除应激原，根据应激原性质及反应程度，选择镇静剂、皮质激素及抗应激药物。大剂量静脉补液，配合5%碳酸氢钠溶液纠正酸中毒；多种维生素饲料添加剂有较好的疗效；也可采取体表降温等措施，有条件的可输氧。

（1）中药治疗天然抗应激中草药具有安全性大、无抗药性、无残留、副作用小等特点，其中补虚类药能增强抵抗力，提高免疫力；补肾类药有调节能量代谢和内分泌功能，还有显著提高机体抗应激的能力。如刺五加液（1mL），能明显提高应激刺激导致动物低压缺氧的耐受力，并有降低基础代谢和抗疲劳作用。

（2）西药治疗日粮中添加抗应激药物是消除或缓解应激对畜禽危害的有效途径。国内外研制的抗应激添加剂主要有：①缓解酸中毒和维持酸碱平衡的物质，如$NaHCO_3NH_4Cl$和KCl等。②维生素，如维生素C、维生素E。③微量元素，如锌、硒和铬。④药物，如安定止痛剂（氯丙嗪、哌唑嗪、三氟拉嗪、氟哌啶醇）、安定剂（氯二氢甲基苯并二氮䓬酮、溴氯苯基二氢苯并二氮杂䓬酮）和镇静剂（苯纳嗪、溴化钠、盐酸地巴唑）。⑤参与糖类代谢的物质，如琥珀酸、苹果酸、延胡索酸、柠檬酸等。

由于应激对动物的影响是多方面的，不同的应激对动物的影响是不同的，单一抗应激添加剂不可能完全或最大程度地消除或缓解应激，因此针对不同应激原，使用不同的抗应激剂的配伍组合，发挥综合抗应激效果比较可靠。一些特异性受体阻断剂或激动剂，如糖皮质激素受体阻断剂、中枢受体激动剂及多巴胺受体阻断剂等的发现将为抗应激剂研究开辟新的方向。

（二）预防

（1）注意选种、育种工作动物对应激的敏感性因遗传基因不同而有一定差异，利用育种的方法选育抗应激动物，淘汰应激敏感动物，逐步建立抗应激动物种群，从根本上解决畜禽的应激问题。测试应激敏感猪通常采用氟烷试验结合测定血清CPK活性。

（2）加强饲养管理，改善卫生条件，尽量减少运输中各种应激原的刺激，主要是选择适当的运输季节（春、秋季），最好不要在炎热夏季运输。装卸动物时尽量避免追赶、捕捉；编组时尽量把来自同一畜舍或养殖场的畜禽编到一起，避免任意混群，以减少畜间争斗；运输途中要创造条件保证畜禽的饮水供应；炎热夏季运输时，应改善运输工具的通风换气条件，加强防暑降温措施，妥善安排起运时间，避开高温时分；为减轻噪声刺激，可以给被运输的家畜两耳内放入脱脂棉制成的耳塞；对运输司机和押运人员加强管理，提高业务素质，尽量减少对畜禽的不良刺激等。在运输或出栏前，应激敏感动物可用氯丙嗪预防注射，或应用抗应激的其他药物。

（3）改善鸡群的环境和营养，消除应激因素，增加空气流动以促进热散失，在封闭式鸡舍增加通风或使用蒸发式冷却系统，降低饲养密度。营养改善包括优化日粮以满足应激鸡对能量和蛋白质的不同需要，额外提供某些经证实具有特定有益作用的养分。额外添加维生素C和维生素E有助于减轻热应激引起的产蛋量降低。

第二节　异食癖

异食癖（allotriophagia）是由于代谢功能紊乱和营养物质缺乏引起的一种非常复杂的味觉异常综合征，临诊上以舔食、啃咬异物为特征。本病多取慢性经过，一旦发生易成恶癖，很难控制与消除。

各种动物均可发生异食癖，像羔羊的食毛癖、猪的咬尾症、禽的啄癖和毛皮兽的自咬症等都属于异食癖的范畴。

一、病因

本病发生的原因多而复杂，有的尚不清楚，一般认为与矿物质、维生素、蛋白质和氨基酸缺乏密切相关。

（1）矿物质缺乏是指钠、钙、磷、硫、钴、铜、锰、铁等元素的不足或缺乏。钠缺乏可因日粮中食盐添加量不足或日粮中钾盐过多，机体排出钾的同时增加了钠的排出，导致缺乏。钙磷缺乏主要为日粮中缺乏、添加不足或比例失调使其吸收利用障碍所致。鸡异食癖除食盐不足、缺乏引起外，硫的不足或缺乏也是常见的重要原因。其他矿物质元素缺乏主要源于饲料。据报道，异食癖发生的地方，干草的含铜量不足，为2~5mg/kg（正常为6~12mg/kg）。

（2）维生素缺乏主要是B族维生素的缺乏，因为它们是体内许多酶及辅酶的组成成分，缺乏时可导致代谢紊乱，引起异食，在禽类和皮毛动物尤为明显。

（3）蛋白质和某些氨基酸缺乏可能是引起猪食胎衣和胎儿、鸡啄胚与啄羽的原因，其中含硫氨基酸的缺乏尤为突出。

（4）某些临床和亚临床疾病也是异食癖的原因。常见于消化器官疾病，如慢性胃炎、慢性胰腺疾病、慢性肝炎和体内外寄生虫病等。慢性消化道疾病可导致营养物质吸收不良，造成机体营养物质缺乏。寄生虫病不仅争夺机体的营养物质，还可通过直接刺激或产生毒素，引起应激作用，如体表寄生虫常常引起动物啃咬身体局部，造成损伤，引起异食癖。

（5）其他鸡除上述因素外，还见于饲养密度过大，舍内过热，舍内或产卵箱内光度过强，饮水不足，饲喂时间过长或不固定，产卵箱不足，外寄生虫的刺激、换毛、皮肤创伤的出血，以及重新调整鸡群等因素。

二、临诊症状

异食癖一般多以消化不良开始，接着出现味觉异常和异食症状。患畜易惊恐，对外界刺激的敏感性增高，后期则迟钝。皮肤干燥，弹力减退，被毛松乱无光泽；拱腰、磨齿，天冷时畏寒而战栗；口腔干燥，初期多便秘，后期下痢，或便秘下痢交替出现；贫血，渐进性消瘦，食欲进一步恶化，甚至发生衰竭而死亡。有异食癖的动物通常都喜欢舔食碱性物质，但不同动物发生异食癖时所喜食的异物亦不尽相同。

母猪有食胎衣，仔猪间互相啃咬尾巴、耳朵和腹侧的恶癖。当断奶后仔猪、架子猪相互啃咬对方耳朵、尾巴和鬃毛时，常可引起相互攻击和外伤。耳朵被咬主要发生在两个部位，一个在耳朵的基部，一个在耳尖。一般不发生在一边，大部分发生是双边的。咬腹侧是另一个近来研究较多的恶癖，主要发生在6~20周龄、20头以上的猪群。

鸡有啄羽癖（可能是由于缺硫）、啄趾癖、食卵癖（缺钙和蛋白质）、啄肛癖等。一旦发生，在鸡群传播很快，可互相攻击和啄食，甚至对某只鸡可群起而攻之，造成伤亡。

绵羊可发生食毛癖，发病初期仅见个别羔羊啃食母羊股、腹、尾等部位被粪尿污染的被毛、互相啃咬被毛或舔食散落在地面的羊毛；以后则见多数甚至成群羔羊食毛。病羔被毛粗乱，食欲减退，常伴有腹泻、消瘦和贫血。食入的羊毛在瘤胃内形成毛球进入真胃或十二指肠引起幽门或肠阻塞，食欲废绝，排粪停止，肚腹膨大，磨牙空嚼，流涎，气喘，鸣叫，弓腰，回顾腹部，取伸展姿势。腹部触诊，有时可感到真胃或肠内有枣大至核桃大的圆形硬块，有滑动感，指压不变形。啃食自身或其他羊被毛是主要的两种表现形式，每次可连续啃食40～60口，每口啃食的被毛1～3g；啃食部位以髓部被毛最多，而后扩展至腹部、肩部甚至全身，严重者全身净光，皮板裸露。食毛癖的羊只逐渐消瘦、食欲减退、消化不良，严重者衰竭死亡。

幼驹特别是初生驹有采食母马粪的恶癖，特别是母马刚拉下的有热气的新鲜粪便。采食马粪的幼驹，常引起肠阻塞，若不及时治疗，多数死亡。

犬常常吞食木柴棒、骨骼和青草。猫喜吃毛发及盆栽植物等。

三、病理变化

剖检见胃内有数量、大小和质地不一的毛球，最大者如鸡蛋大小，多阻塞于真胃幽门部和前段小肠。

四、诊断

将异食癖作为症状诊断不困难，但欲作出病原（因）学诊断，则须从病史、临床特征、饲料成分分析、血清学、病原检查以及治疗性诊断结果等方面具体分析。

五、防治

合理调配饲料、保持畜舍卫生是预防本病的关键措施。

根据动物不同生长阶段的营养需要，喂给全价配合饲料，当发现有异食癖时，可适当增加矿物质和复合维生素的添加量。此外，喂料要做到定时、定量，不喂发霉变质的饲料。有条件时可根据饲料和土壤情况，选择性地进行补饲；对土壤中缺乏某种矿物质的牧场，要增施含该物质的肥料，并采取轮换放牧。有青草的季节多喂青草；无青草的季节要喂质量好的干草、青贮料，补饲麦芽、酵母等富含维生素的饲料。

舍的设计应有利于防暑降温、防寒保温、防雨防潮，保证干燥卫生，通风良好。此外要避免强光照射，鸡舍可适当利用红光，通过抑制过度兴奋的中枢神经系统防治啄癖的发生。

要合理组群，饲养密度适宜，有利于动物正常的生长、发育、繁殖，又能合理利用栏舍面积。把来源、体重、体质、性情和采食习惯等方面近似的动物组群饲养。一般3～4月龄每头猪需要栏舍面积以0.5～0.6m^{2}为宜，4～6月龄猪以0.6～0.8m^{2}为宜，7～8月龄和9～10月龄猪则分别为1.0m^{2}和1.2m^2。定期驱虫，以防止寄生虫诱发的异食癖。

当发现有异食癖的动物时，要及时挑出，隔离饲养。咬伤动物应及时进行外科处置，可选用碘酊、紫药水等以防感染化脓。全群动物可在饲料中添加镇静药，能迅速制止。

第三节　肉鸡腹水综合征

肉鸡腹水综合征（ascites syndrome, AS）又称肉鸡肺动脉高压综合征，是以右心室肥厚，大量淡黄色浆液堆积在腹腔内，心、肺、肝等内脏出现明显病理损害为主要特征的一种肉鸡常见的非传染性疾病。雏鸡的典型病理变化是腹水、肺淤血水肿和肝硬化。一般在2～3周龄，肉鸡的发病率较高；4周后，肉鸡的死亡率更高。但是，肉鸡的发病率和死亡率也会在不同时期和地区发生变化。肉鸡腹水综合征一年四季均可发生，多发于冬季和早春。近年来，肉鸡腹水综合征的频发给肉鸡养殖业带来了巨大的经济损失。

一、病因

遗传、环境、人为和饲料因素等都是肉鸡腹水综合征的诱因。发病机制一般是缺氧引起肺动脉压力升高和右心室衰竭，最终导致腹水和体腔积液。但大多致病因素以人为因素为主。养殖户常常为了提高经济效益，采用不适当的饲养方式，加速肉鸡生长，促使肉鸡腹水综合征的发生。

（1）遗传因素。基因选择过程中对生长的过分关注导致肉鸡心肺发育和体重增加的先天性失衡。心脏的正常功能无法满足正常代谢的需求，造成相对缺氧。肉鸡在快速生长过程中，所需的能量和氧气明显增加。红细胞在肺毛细血管内不能顺畅流动，影响肺血液灌注，引起肺动脉高压和右心衰竭，阻碍血液回流，增加血管通透性。

（2）环境因素。高密度养殖环境通风不良，特别是寒冷季节时门窗紧闭，空气流通不畅，鸡舍内含氧量降低，CO、CO_2等有害气体增多，造成鸡舍供氧不足，肉鸡因缺氧而形成腹水。另外，如果肉鸡在高海拔地区生长，空气稀薄，低氧分压，慢性缺氧，血压升高，也会导致肉鸡腹水综合征。

（3）人为因素。为了使肉鸡生长更快，养殖户在养殖过程中添加生长促进剂，大量使用高能量日粮，减少肉鸡活动空间。对于肉鸡来说，心脏不能承受自身的重量，导致肺泡毛细血管相对狭窄，肺动脉压力逐渐升高，导致右心室肥大、血流受阻、腹水。高能量日粮能够使肉鸡的耗氧量增加，随之需氧量增加导致相对缺氧。肉鸡长期处于缺氧环境中，右心室负荷过重，心脏扩张，腹腔严重充血，最终导致肉鸡腹水综合征。

（4）饲料因素。选用颗粒饲料来饲喂的肉鸡，食物需求量大，生长速度快，饲料消化率高，需氧量增加。高蛋白或高油饲料会造成肉鸡营养过剩，缺乏其他微量元素和维生素。饲料霉变、霉菌毒素中毒等，也会引起腹水。

二、临床症状

肉鸡腹水综合征主要是群体发病。病鸡羽毛杂乱，鸡冠及肉髯呈紫红色，腹部明显肿胀下垂，腹部皮肤薄而有光泽或呈紫色。病鸡情绪低落、无精打采、垂头丧气、步态异常、不愿走路、走路像企鹅。触诊病鸡时，腹部波动明显，上部松弛、下部紧张、呼吸及心跳加快、便秘和腹泻交替出现、可见黏膜炎症。病鸡常有抽搐，一般持续2～3d而死亡；病情严重时，病鸡全身充血，皮肤发红，站立困难，行动缓慢，如鸭子。病程通常为7～14d，死亡率为10%～30%，最高可达50%。

三、病理变化

腹腔内有大量半透明或清亮的淡黄色液体，混有凝固的蛋白脒；有一层灰白色或淡黄色的蛋白膜存在于表面；肝脏质地柔软，肿胀程度为正常的1～2倍，常有蛋白膜凝固形成的胶脒覆盖于表面；胆囊含有大量胆汁；心脏肥厚，质地柔软，心肌松弛，伴有心包炎、心包积液，右心明显扩张；肺水肿和充血；有时肾脏肿胀和苍白，肠道出现炎症。

四、发病机制

肉鸡主要以其生长速度快、饲料转化率高和屠宰时间短而著称。该特征是在育种过程中通过人工筛选性状形成的。增长速度快主要指肌肉，而心脏的增长速度与肌肉的增长速度不匹配，形成了"肌肉快，心脏慢"的发育特征。肌肉的生长发育需要大量的血液供应。当不匹配时，其心脏泵血能力不能满足肌肉发育的需要，静脉血回流速度减慢，血压升高，尤其是肝脏、大肠、小肠、胰腺和输卵管。在脾、胃等腹部器官回流的后腔静脉内，血压过高使血液中的水分通过血管壁流入腹腔，从而产生腹水。

五、诊断

当需要诊断疾病时，首先要做的就是调查肉鸡的病史，是否有既往病史和不正确用药史。了解其生长环境和养殖历史是否符合相关要求。其次，肉鸡的典型临床症状通过检查来判断，主要包括以下几点：①通过观察，可以发现病鸡的羽毛粗糙凌乱无光泽，左右翅膀下垂，行为像企鹅。腹部先落地，跛足，不愿站立，行动迟缓，影响进食和饮水。②病鸡腹部肿胀，积水增多，皮肤变薄，体温保持正常。③病鸡反应迟钝，生长缓慢甚至停滞，呼吸困难，出现发绀。当病鸡感受到应激反应时，例如惊吓等，就会发生猝死。使用注射器，会从腹腔中抽取出不同量的液体。肉鸡心肌组织病理检查可见心肌纤维排列松散，质膜边界模糊，间质水肿，充血。通过以上主要临床诊断可用以诊断肉鸡腹水综合征。

六、防治

（一）预防

（1）加强鸡舍管理，改善鸡舍卫生环境，调整鸡舍密度，正确妥善处理保温与通风的关系，严格控制鸡舍内温度，避免低温。另外，需要适当通风，时刻保持鸡舍内的空气流通，保证空气中的氧气浓度，降低有害气体的浓度。

（2）科学合理地限制饲喂，调整日粮的营养浓度（如降低日粮中粗蛋白含量），改变日粮的物理形态，准确调整日粮配方，确保营养供求。还可以在日粮中加入一定量的抗氧化剂，补充足够的维生素E、硒等微量元素，合理控制饲料中钙、磷、盐的含量。发霉变质的饲料及原料、焦油消毒剂等不能用于肉鸡的日常饲养。

（3）加强品种选择，该病具有遗传性，因此正确选择对缺氧或腹水有一定耐受性的肉鸡品种才能良好地从根本上控制此病的发生。因此，目前正在利用分子生物学方法寻找相关的耐受基因，培育优质品种。

（二）治疗

对病鸡进行实地调查研究，判断致病因素，及时清除，实施针对性治疗。特别是缺氧时，要保证温度与通风的平衡，或合理降低饲养密度，保证冬季鸡舍温湿度适宜，空气清新，无异味。国内外已报道了多种治疗方法。例如在肉鸡饲料中加入中草药、利尿剂、助消化剂等；可以补充一定量的维生素、微量元素硒、抗生素等；对症治疗，降低发病率，但其作用不同。可使用中草药，降低腹水综合征的发病率或使轻度腹水症状得到治愈。乙酰水杨酸与小檗碱联合使用可有效治疗肉鸡腹水综合征。用菊粉提取物喂养肉鸡可以显著减轻肉鸡腹水的恶化。肉鸡腹水综合征也可以用丹参酮ⅡA有效治疗。

第四节 肉鸡猝死综合征

肉鸡猝死综合征（Sudden death syndrome, SDS）又称为肉鸡急性死亡综合征。因死前在地上翻转，两脚朝天，又称翻仰（filp over）症。本病临床特征为生长快速、肌肉丰满、外表健康的鸡突然死亡，且公鸡发病要多于母鸡。以生长快速的肉鸡多发，肉种鸡、产蛋鸡和火鸡等也偶有发病。

本病一年四季都有可能发生，尤以夏、秋发病较多。2周龄至出栏时多发，发病高峰出现在3周龄左右，死亡率可达0.5%～5%，有时病死率可达13%左右。

一、病因

本病病因尚不清楚，目前人们普遍认为与饲料、生长环境、营养、机体酸碱平衡、遗传、药物及个体发育有关。

（1）遗传及个体发育因素。鸡的品种、生长日龄、性别、生长速度、体重等均对本病有一定影响。品种不同发病率也不一样，肉鸡比其他家禽易发病，生长速度较快、肌肉发育良好、外观较健康的鸡更易发病，发病率在1～2周龄呈直线上升，在3～4周龄达发病高峰，以后又逐渐下降。

（2）饲料因素。饲料的营养水平及饲料的类型与猝死综合征的发生有关。①饲料蛋白质水平：饲料中粗蛋白质含量24%的鸡群，发病率明显低于粗蛋白为19%的鸡群；用含17%粗蛋白、能量为12373kJ/kg的饲料，发病率较高；因而认为本病与低蛋白、高能量造成脂肪在肝内沉着有关。②饲料中脂肪含量：当饲料中脂肪含量达1.8%时，发病率明显增加。③饲料中矿物质、维生素含量：肉鸡饲料中添加生物素、吡哆醇、硫胺素，或添加维生素A、维生素D、维生素E，或添加胆碱并配合高锰酸钾饮水，或添加地塞米松，可降低发病率。④其他饲料因素：有人认为与饲料类型及加工等有关。以小麦为主要谷物原料的饲料发病率要高于其他谷物；饲喂颗粒饲料的雏鸡发病率要高于有相同成分的粉料。

（3）心肺功能急性衰竭。死亡病鸡剖检发现其心脏扩大，心房呈舒张状态。有的死鸡心脏甚至是健康鸡的2~3倍，右心扩张，肺淤血、肿大。死前呼吸困难，病死鸡群中血钾浓度、血磷浓度降低，碱储减少，乳酸含量升高。

（4）环境因素。饲养密度过大、持续的强光照射、鸡舍通风不良、环境持续噪声等很可能诱发本病。遇到某些应激因素如喂料、惊扰、光照、天气变化等因素影响，可能导致发病并死亡。

此外，酸碱平衡失调也是健康鸡发病的原因之一。

二、临床症状

很多病鸡在生前没有发现明显的异常，发病前采食、饮水及呼吸等活动与正常的肉鸡没有区别。有些猝死鸡在发病前比其他正常鸡安静，病死鸡相比其他正常鸡，其饲料摄入量稍低。

发病前没有明确的征兆，但病鸡突然发病，失去身体平衡，扇动翅膀，肌肉痉挛震颤，症状出现到死亡大约只有50s。有的病鸡突然发出尖叫，要么向前扑倒，要么向后仰，要么翻过身来。但是大部分的病死肉鸡背部贴在地面上、两脚朝天，只有少数鸡保持俯卧姿势、脖子扭曲。病程稍长的肉鸡，间歇性痉挛，间歇期闭眼，两脚伸直，发作时排粪，在地面翻转，数小时后死亡。个体较大，肌肉发达的雄雏较多发病。病鸡血清脂含量高，血钾，无机磷浓度降低，碱储量减少，鸡肝中甘油三酯和心肌中花生四烯酸含量升高。

三、病理变化

病死鸡较为健壮、肌肉发育良好，鸡冠和肉垂略有潮红，其他外观并无明显异常。嗉囊、肌胃内充满了刚采食的饲料，心脏通常比正常健康鸡的心脏大一倍至几倍不等。右心房扩张，且有淤血，内有凝血块；心室紧缩呈长条状、质地较硬，有心包积液，有时可见纤维块，心肌松软，有的心冠沟脂肪有少量出血点。肺脏淤血、水肿，呈现暗红色，存在弥漫性充血，气管内有泡沫状渗出物；肾脏呈苍白色或者浅灰色；肠系膜血管充血，静脉扩张。成年鸡泄殖腔、卵巢、输卵管明显充血。肝肿大，质脆，色苍白，胆囊明显缩小甚至完全排空。脾、甲状腺、胸肌、腿肌色苍白。

四、发病机制

目前，对于肉鸡猝死综合征的发病机制尚未完全明确，但是目前已有的研究发现本病通常与肉鸡的心室纤维震颤及心律不齐有一定相关性，同时体内肾上腺系统和交感神经系统受到明显刺激而分泌大量的肾上腺皮质激素和髓质激素，从而导致心脏、血管受到损伤，引起肺部病变，出现外周循环衰竭甚至休克，从而造成实质器官缺氧、血液循环障碍，引起本病发生。病死鸡死因往往是心肌的过度兴奋和收缩异常。

有研究报道指出：肉鸡易发生心律失常，在8日龄时就有发现，并且随日龄的增加而升高，在第7周龄肉鸡心律失常发生率甚至高达17%。心律失常在肉鸡中最常见的是室性心律失常和窦房或房室传导阻滞。可以判断，室性心律失常是引起肉鸡猝死综合征发生的关键性因素。研究人员对肉鸡和蛋鸡心肌易颤性进行了比较研究，结果显示，诱发蛋鸡心室纤维震颤的电压要高于诱发肉鸡室颤所需电压，而且存在较大差异；静注氯化钾诱发心室纤颤时，肉鸡用量也要明显低于蛋鸡。

对猝死肉鸡心脏进行了病理形态学观察，结果显示猝死肉鸡心脏存在明显的病理学变化，有严重的颗粒变性和一定程度的局灶性坏死；也存在肺淤血和肺水肿等现象。但有学者认为这是猝死过程中心脏收缩功能障碍，导致肺循环回流受阻的结果，并不是构成猝死的直接原因。因此提示心脏的结构性损害可能是肉鸡猝死综合征发生的关键因素。

五、诊断

肉鸡猝死症目前还没有特异性诊断标准，主要通过对临床表现综合分析进行判断。

目前，主要根据下述几点进行诊断：病鸡外观健康，发育良好；死前突然发出惊叫，死后两脚朝天，呈仰卧姿势，呼吸困难，肺脏存在瘀血，并且发生水肿；剖检没有感染症状出现，嗉囊、肌胃以及肠道内含有大量刚采食的饲料，而胆囊空虚，心包积液增多，心房存在淤血、明显扩张。

在诊断该病时，要注意其与传染性及中毒性疾病的区别。肉鸡猝死综合征病程持续短，一般只需要几分钟就会死亡，但是传染性及中毒性疾病的病程持续时间较长，最短也有几小时。患猝死综合征死亡的肉鸡皮肤一般呈现白色，而中毒死亡病鸡的皮肤往往呈青紫色。患有猝死综合征死亡的肉鸡在采食、粪便等方面没有异常，但是传染性及中毒性疾病致死的病鸡在粪便状态、颜色等方面往往存在异常。

六、防治

因本病病因不明，目前尚无较好的防治措施，只能通过一定的方式进行预防。

（1）加强管理，减少应激因素。防止鸡群密度过大，避免转群或受惊吓时的互相挤压等刺激。鸡舍加强通风，降低舍内有害气体浓度。尤其是在气候炎热的夏季，要注意加强降温措施，以缓解应激，避免由于高温缺氧而引起猝死。调整全日制光照，且光照强度要适当。需要注意的是，调整光照往往选在鸡群处于较为安静时进行，禁止随意关灯和开灯，防止造成应激而发生猝死。

（2）合理调整日粮及饲养方式。肉鸡雏鸡生长前期一定要给予充足的生物素（每千克体重300mg）、硫胺素等B族维生素以及维生素A、维生素D、维生素E等。对3~20日龄仔鸡进行限制饲养，适当控制肉雏鸡前期的生长速度，不用能量太高的饲料，以减缓其生长发育的速度。1月龄前不主张加油脂，如果要添加油脂，要用植物油代替动物脂肪。

（3）注意饲料酸碱平衡。雏鸡在10~21日龄时，可用碳酸氢钾按0.5~0.6g/只混饮，或按3~4kg/t混饲，对本病预防效果较好。

（4）注意控制光照。雏鸡3周龄后，每日光照时间可以逐渐延长，并且控制光照强度。夜间零点以后鸡群较安静时，不可随意开灯、关灯、产生噪声等，以防挤压或炸群，产生应激造成猝死。

第五节　肉鸡胫骨软骨发育不良

肉鸡胫骨软骨发育不良（tibial dyschondroplasia, TD）是指胫骨近端生长板软骨发育异常，在胫跗骨和跗趾骨的干髓端形成一团不透明的未血管化软骨团，进而导致骨骼变形、跛行的腿病，是禽类最常见的腿病之一。在1965年由Leach和Nesheim首次发现。本病常见于快速生长的肉仔鸡、火鸡和鸭，生长缓慢的不常见。

一、病因

目前，本病的病因尚无定论。研究表明，遗传、生长速度、性别、年龄、日粮电解质平衡等都能引起该病的发生。生长过快可提高肉鸡TD的发病率，而且公雏的发病率显著高于母雏。低钙或高磷可增加肉鸡TD的发病率。在日粮中添加硫酸氢铵，使日粮硫达到1.11%，增加了TD的发生率。高氯、磷、硫可诱发肉鸡TD，而提高钾、钠、镁、钙离子可减轻TD的发生率。阳离子可减轻阴离子过多引起的TD。另外，维生素缺乏也可以诱发TD，降低日粮中的维生素D_3的含量可提高TD的发生率，向肉鸡全价饲料中加入1,25（OH）$_2$VD$_3$（5～10μg/kg）可大大减少胫骨软骨发育不良的发生率。胆碱是成禽软骨组织中磷脂的构成部分，它的缺乏会影响软骨的代谢，氯化胆碱预防TD的效果最佳。

二、症状

自发或人工诱发TD，最早发生时间是1～2周龄肉鸡和火鸡群中，高达30%的鸡有软骨发育异常的病变，但大多数病鸡并不显示临床症状。TD病鸡跛行发生率从小于1%至高达40%；26%～60%的鸡呈现亚临床病变。病变使骨的干髓区域脆弱，导致胫腓骨弯曲和胫骨骨折增加。TD肉鸡4周龄、火鸡10周龄后常出现症状，表现为不愿走动，步态强拘。胫骨近心端膨大，重者伴发跛行，步履艰难，共济失调。随着病情发展，胫骨近端发生弯曲、畸形，甚至骨折。严重者瘫痪，飞节着地，筋腿松脱，不能采食和饮水。

三、病理变化

胫骨近端有大量增生的过渡型软骨细胞积聚或分散在软骨细胞的膨大区内，成熟的软骨细胞受挤压、变形、坏死，髓线参差不齐。增生的软骨团内血管稀少或根本无血管通过，有的血管被增生的软骨细胞挤压、萎缩、变性、坏死，增生的软骨细胞排列紧密，细胞大，软骨囊小。破骨细胞和成骨细胞稀少。骨小梁的排列紊乱、扭曲。有时增生区呈舌状伸向钙化区。TD鸡病灶超微结构中，前肥大区细胞粗面内质网杂乱无章，液泡明显扩张，软骨细胞凋亡和坏死。病灶生长板软骨细胞只有正常细胞大小的40%，病灶的近区软骨细胞出现枯斑，内质网、高尔基体及线粒体膨胀，病变区DNA含量下降；某些细胞因能量缺乏而坏死。坏死细胞数目从近侧到远侧逐渐增多，病变愈重，坏死数目愈多。病灶区密集的坏死细胞像无定形的嗜锇物质，有典型的浓缩细胞体1~2个脂质空斑，核破裂和核固缩，围绕坏死软骨细胞周围的陷窝腔常充满均质或絮状的电子密集物质，间质隔基本正常。基质只在远离病灶的区域钙化。干髓端血管芽离增殖区/过渡区结合处较远，比正常远2~3倍，TD肉鸡与佝偻病肉鸡组织学上不同。佝偻病生长板上部加宽，主要是增生区加宽。

四、发病机制

肉鸡TD的发病原因极其复杂。学者们从各自的研究角度进行探讨，形成了许多学说。TD病鸡的胫骨软骨内血管形成受阻，从而提出了TD发生的3种假说：①干髓端血管异常，不能穿入生长板软骨；②生长板软骨异常，干髓端血管无法穿入；③生长板软骨干髓端血管前沿的重吸收不完全，阻止干髓端血管侵入。

日粮电解质平衡可通过血钙浓度影响机体的钙代谢而起作用。在血钙代谢过程中，甲状旁腺激素（PTH）、降钙素（CT）和$1,25(OH)_2VD_3$都与血钙调节有关。同时，至少有两种激素受到酸碱平衡的影响，钙代谢和碳酸代谢有互作关系，某些受到酸碱平衡干扰的代谢途径：①肾脏中将$25(OH)VD_3$转化为$1,25(OH)_2VD_3$的$25(OH)VD_3$羟化酶活性；②PTH和钙之间互作的调整。

生长板软骨降解代谢还受到机体免疫系统的调控，干髓端巨噬细胞和其他吞噬细胞在软骨降解过程中起到重要作用，单核/巨噬细胞通过分泌各种活性成分促进了软骨的降解。另外，巨噬细胞还能产生IL-1，它能诱导产生胶原酶，从而降解胶原。体外培养发现，半胱氨酸能使吞噬细胞失去附着能力，抑制胶原酶的活性，导致TD发生。另外，Andrews等报道组氨酸也能诱导TD的发生。日粮电解质平衡可能通过影响机体免疫状况而间接影响到生长板软骨的降解。$1,25（OH）_2VD_3$与软骨细胞的分化、成熟有关，还能通过激发软骨细胞基质小囊中与钙化有关酶的活性，来促进基质小囊的钙化。$1,25（OH）_2VD_3$是特殊的免疫调节因子，它能通过激活巨噬细胞，在生长板胶原的降解代谢、血管生成中起作用。日粮电解质平衡失调引起的酸中毒可能影响到血液和生长板的$1,25（OH）_2VD_3$含量，进而影响到生长板软骨的降解、血管生成和钙化。汪尧春认为是由于$1,25（OH）_2VD_3$含量的变化影响了免疫系统，进而导致TD的发生。单核细胞分泌单核细胞因子，该因子能促进软骨细胞的分化，分泌活性物质，促进软骨降解、血管化。他还认为$1,25（OH）_2VD_3$具有与活性物质相似的作用，使用$1,25（OH）_2VD_3$后可降低TD的发生率。

日粮中缺乏生物素可以影响胫骨软骨的生成，生物素为必需脂肪酸转化为前列腺素过程中延长碳链所必需的，前列腺素缺乏会改变软骨代谢，阻碍骨的生成。添加生物素能有效地预防TD的发生，并能确保其正常生长和发育。铜离子能在体内诱导新血管形成，因此严重的缺铜可能会抑制血管的生成。另外，胫骨生长板内的胶原酶是一种含锌的金属酶。当缺锌时，会导致该酶的活性降低，从而使生长板胶原的合成和更新受到破坏，导致TD的发生。尽管对影响TD发生的各种因素进行了研究，但是影响TD发生的机制至今不明。

五、诊断

随着TD严重程度增加，血清中氨基葡萄糖和Z-氨基半乳糖随之增加。TD软骨中蛋白多糖束的密集度减小，软骨氧化能力降低，蛋白多糖合成下降。胶原和非还原性交联、赖氨酸醇氨酸（HP）及赖氨酸吡醇氨酸（LP）含量升高。病变区自近端至远端HP含量呈线性增加，症灶远端软骨中赖氨酸醇氨酸含量是近端的10倍。病灶矿物质含量变化：TD软骨细胞线粒体中钙和磷水平只有正常线粒体中的一半；TD软骨中钙和磷的含量在肥大前细胞中最高，而正常软骨细胞在肥大早期阶段含量最高。这表明TD软骨细胞在成熟前释放出了钙和磷，因为钙积聚到线粒体是一个耗能的过程。

六、防治

维生素A与维生素D_3具有拮抗作用。维生素C在防止TD发生过程中起重要作用。维生素D_3代谢产物的产生是一个发生于肾脏的轻化过程，需要维生素C参与。

第六节　奶牛皱胃变位

奶牛皱胃变位是指皱胃的正常解剖学位置发生改变的疾病，是奶牛常见皱胃疾病。皱胃变位按变位方向分为左方变位（LDA）和右方变位（RDA）。左方变位指皱胃通过瘤胃下方移行到左侧腹腔，停留在瘤胃与腹壁之间；右方变位指皱胃扭转后位置发生变化，停留于腹腔右侧肝脏和腹壁之间，而右方变位又分为皱胃后方变位、皱胃前方变位、皱胃右方扭转、瓣胃皱胃扭转4种类型。

皱胃变位主要多发于4~6岁经产奶牛，发病高峰在分娩后6周内和冬季舍饲期间。LDA在妊娠期奶牛、公牛、青年母牛、肉用牛极少发生，最常发生在体形大的高产乳牛。RDA多发于经产母牛妊娠期、产奶期和干乳期，也见于公牛、肉用牛和犊牛。

一、病因

皱胃左方变位病因较多且复杂。主流观点认为胃壁平滑肌弛缓是皱胃发生臌胀和变位的病理学基础。LDA的发生与高精料低粗料舍饲有关，当饲养管理不当时，奶牛日粮中含高水平的酸性成分（玉米青贮、低水分青贮）和易发酵成分（如高水分玉米）等优质谷类饲料，可加快瘤胃食糜的后送速度，食糜产生过多的挥发性脂肪酸使皱胃内酸浓度剧增，抑制了胃壁平滑肌的运动和幽门的开放，食物滞留并产生CO_2、CH、N_2等气体，导致皱胃弛缓、膨胀和变位。皱胃变位的诱因包括:子宫内膜炎（反射性皱胃弛缓）、低钙血症（液递性皱胃弛缓）、皱胃炎及皱胃溃疡（肌源性皱胃弛缓）、迷走神经性消化不良（神经性皱胃弛缓）等疾病。车船运输、环境突变等应激状态；横卧保定、剧烈运动；母牛发情时的爬跨，使皱胃位置暂时地由高抬随即下降而发生改变；代谢性碱中毒，妊娠与分娩过程机械性地改变子宫、瘤胃间相对位置等。另外奶牛育种会选育后躯宽大的品种，腹腔相应变大，增加了皱胃的移动性和发生皱胃变位的概率。

皱胃右方变位的主要病因与皱胃左方变位一样，包括可造成皱胃弛缓的各种因素。

二、临床症状

1. 左方变位

一般分娩后数日或1～2周内出现症状。主要表现食欲减退，厌食谷物类饲料、青贮饲料和精料。产奶量急剧下降，体重减轻，体形消瘦。体温、脉搏、呼吸一般正常。病牛反刍减少或停止，瘤胃运动减弱以至废绝。排粪迟滞或腹泻，粪便呈油泥状、糊状，潜血检查多为阳性。病牛可继发酮病，表现出酮尿症、酮乳症。一般无腹痛症状，但急性病例皱胃显著膨胀时，病畜腹痛明显，并发瘤胃臌胀。

病畜左侧肋弓突起，左侧肩关节和膝关节的连线与第11肋间交点处听诊，能听到与瘤胃蠕动时间不一致的皱胃音（带金属音调的流水音或滴落音）。在听诊左腹部的同时进行叩诊，可听到高亢的钢管音，叩诊与听诊应在从左侧髋结节至肘结节以及从肘结节至膝关节连线区域内进行。钢管音最常见的部位处于上述区域的第8～12肋间，或者接近下方腹侧或后侧。在左侧肋弓下进行冲击式触诊和听诊，可闻皱胃内液体的振荡音。严重病例的皱胃臌胀区域向后超过第13肋骨，从侧面视诊可发现肷窝内有半月状突起。钢管音区域局限，多数在左侧肋弓前后，向前可达第9、第10肋骨，向下抵肩关节膝关节水平线，呈卵圆形或不正形，范围大小不一，10～45cm，而且时隐时现，大小和形状随真胃所含气液的多少以及真胃漂移的位置而发生改变。钢管音区域的直下部做穿刺可见褐色带酸臭气味的浑浊液体，pH2.0～4.0，无纤毛虫。直肠检查可发现瘤胃比正常更靠近腹正中，触诊右侧腹胁部有空虚感。也可能于瘤胃和左腹壁之间摸到膨胀的真胃或有可容一拳左右的空隙。

2. 右方变位

右方变位的临床表现因病理类型而不同。临床分急性和亚急性两种类型。后方变位即真胃扩张，多呈亚急性型病程。真胃扭转急性病程。真胃前方变位兼有亚急性和急性病程。

病牛食欲减退或废绝，泌乳量急剧下降，表现不安、踢腹、腹痛，体温一般正常或偏低，心率60～120次/min，呼吸数正常或减少，瘤胃蠕动音消失。排混有血液的黑色、糊状粪便。视诊可见右腹膨大或肋弓隆起，右肷窝呈现半月状隆起；叩诊8～12肋间或肷窝区域可听到钢管音，冲击式触诊呈震水音；直肠检查，在右腹部触摸到膨胀而紧张的皱胃。

急性过程的右方变位大多为皱胃扭转，经过3～5d，病程短急，常在48～96h死于循环衰竭或真胃破裂。病畜表现中度或重度腹痛，全身症状重剧，心动过速，100～140/min次，可视黏膜苍白，体温降低，脉搏细弱，眼球塌陷等。表现出脱水体征和循环衰竭体征。发生严重的代谢性碱中毒、低氯血症、低钾血症，尿液呈酸性。右侧腹中部显著膨胀，右肋弓后至腹中部有范围较大的钢管音，冲击式触诊有震水音；钢管音区穿刺皱胃抽取液混血，pH2.0～4.0；粪便混有血液呈柏油样，血气分析显示，血液pH可高达7.528，血氯低下，59mmol/L；血钾降低，2.8mmol/L；红细胞压积容量（PCV），由正常的30%～33%增高到40%～45%；血浆总蛋白（TPP）由正常的65～75g/L增高到80g/L以上。

三、病理变化

左方变位的主要眼观病理变化是，皱胃位移至瘤胃和腹底部之间，可能发生粘连，胃内含有不等量的液体和气体。个别病例因皱胃溃疡和形成粘连而不能移动。

右方变位急性病例可见胃壁水肿、出血，有多量棕红色的液体。皱胃顺时针扭转时，瓣胃和网胃乃至十二指肠也随之移位。完全扭转时，皱胃壁出血、坏死，甚至发生胃破裂。

四、发病机制

左方变位皱胃在上述各种单一或复合病因作用下发生弛缓、积气和膨胀，在妊娠后期沿腹腔底壁与瘤胃腹囊间形成的潜在空隙移向体中线左侧，分娩后瘤胃下沉，将皱胃的大部分嵌留于腹腔与左侧壁之间，整个皱胃顺时针方向轻度扭转，胃底部和大弯部首先变位，接着引起幽门和十二指肠变位。其后，皱胃沿左腹壁逐渐向前方飘移，向上一般可抵达脾脏。和瘤胃背囊的外侧，向前一般可抵达瘤胃前盲囊与网胃之间，个别位于网胃与膈肌之间（顺时针前方变位）。皱胃在瘤胃与腹壁间嵌留和挤压的部分，局部血液循环不受干扰，但运动受到一定的限制，造成不全阻塞，仍有少量液体可通过幽门后送，常引起伴有低氧血症和低钾血症的轻度或中度代谢性碱中毒。由于嵌留的皱胃的压迫，加之采食量减少，瘤胃的体积逐渐缩小。在病程持久的慢性病例，皱胃黏膜可出现溃疡，皱胃浆膜同网膜、腹壁或瘤胃发生粘连，可能发生穿孔而突然致死。由于皱胃弛缓、变位，皱胃分泌的盐酸、氯化钠和钾蓄积在皱胃内，出现代谢性碱中毒并伴有低氯血症和低血钾症，皱胃变位伴有长期或重度碱中毒时，病牛出现酸性尿液。患畜伴发严重酮病，出现酮血症，血液pH下降，阴离子差增大和碳酸氢钠浓度低于患单纯皱胃变位时的水平，因此临床上很多病例也不出现代谢性碱中毒，应检查尿酮。

右方变位除去妊娠和分娩因素，在多种因素作用下，发生皱胃弛缓，液体和气体蓄积，胃壁逐渐扩张并向后方移位或前方移位，历时数日至2周不等，真胃继续分泌盐酸、氯化钠，由于排空不畅，液体和电解质不能后送至小肠回收，胃壁进一步膨胀和弛缓，导致脱水和代谢性碱中毒，并伴有低氯血症和低钾血症。真胃蓄积的液体可多达35L，脱水可达体重的5%～12%。上述真胃弛缓和（或）扩张的基础上，如因跳跃、起卧、滚转等而使体位或腹压发生改变，造成固定真胃位置的网膜破裂，则造成真胃扭转。真胃扭转导致幽门口和瓣皱孔或网瓣孔完全闭锁，发生真胃急性梗阻，进一步积液、积气和膨胀，甚而胃壁出血、坏死乃至破裂，出现更为严重的脱水、低氯血症、低钾血症、代谢性碱中毒，直至循环衰竭，而于短时间内死亡。

五、诊断

左方变位患畜多于产犊后3~6周发病，表现出轻度腹痛，脱水，低氯血症、低钾血症，代谢性碱中毒、酮病综合征等症状，经前胃弛缓或酮病常规治疗无效或复发。病牛右肋弓后腹中部显著膨大，听叩结合检查有较大范围的钢管音，冲击式触诊有震水音；钢管音区穿刺可取得皱胃液，直肠检查可摸到积气、积液的皱胃后壁。视诊左肋弓部后上方有限局性膨隆，触之如气囊，叩诊呈鼓音。皱胃逆时针前方变位与后方变位比较，其临床表现和血液学变化更明显和重剧，但它不具备后腹部局部膨隆及听叩检查和冲击式触诊的相关变化，在心区后上方可发现砰砰音和震水音等症状。除注意创伤性网胃腹膜炎外，右方变位主要依据腹痛、脱水、低氯血症、代谢性碱中毒等临床症状，右腹部视诊肋弓后腹中部显著膨胀、叩听诊结合有范围较大（从第9肋骨至肋弓后腹中部）的钢管音区以及冲击式触诊感震水声；钢管音区下方试验性穿刺可获得真胃液；直肠检查可摸到积气积液、膨大紧张的真胃后壁。

真胃后方变位腹痛较轻，病程较长，亚急性型病程，右腹3项特征（右腹侧膨大、钢管音、震水声），穿刺胃液及所排粪便常不混血，除非后期破裂，一般不表现休克危象。真胃逆时针前方变位，多亚急性，临床表现重剧，且因真胃前置，不具备右腹中部的一套3项示病体征，直肠检查也摸不到真胃，如不注意搜索心区后上方的钢管音、真胃音和震水声，常被漏诊。真胃扭转和瓣胃真胃扭转（RTA和OAT），腹痛剧烈，全身症状重剧，急性型病程，迅速出现循环衰竭体征和休克危象，排柏油样粪，穿刺真胃液混血。右腹中部的一套3项示病体征。

六、防治

（一）左方变位

（1）药物疗法，口服缓泻剂与制酵剂，应用促反刍剂和拟胆碱药物，以增强胃肠蠕动，加速胃肠排空，促进皱胃复位；存在低血钙时，静脉注射钙剂；为纠正低血钾可用氯化钾30~120g，2次/d，胃管投服。让病畜多采食优质干草，以防止变位的复发和促进胃肠蠕动；在病畜食欲完全恢复前，其日粮中酸性成分应逐渐增加；有并发症时要同时进行治疗。

（2）滚转疗法，患畜进行禁食和限制饮水处理，病牛可右侧或左侧横卧，然后转成仰卧，随后以脊柱为轴心，先向左滚转45°，再回到正中仰卧姿势，再向右滚转45°，再回到正中，来回数次滚转摆动，每次回正到仰卧位置时静止几分钟，真胃一般会回到正常位置。如尚未复位，可重复进行。

（3）手术疗法，当患畜皱胃与瘤胃、腹壁发生粘连时，必须进行手术治疗。共有4条手术径路，即左髂部切口、右髂部切口、两侧髂部切口以及腹正中旁线切口。常用右肋部切口及网膜固定术。病牛左侧卧保定，腰旁及术部浸润麻醉，右腹下乳静脉上4~5指宽处，以季肋下缘为中心，横切20~25cm，打开腹腔，术者手沿下腹部向左侧，将变位的皱胃牵引回右侧。若皱胃臌气扩张时，可将网膜向后拔，把皱胃拉到创口处，将其小弯上部固定在腹肌上。手术后24h内即可康复。

（二）右方变位

右方变位一般病程快，症状剧烈，治疗效果决定于能否早期诊断治疗。多数病例在发病后12h内作出诊断与矫正，则预后良好；病程超过48h，通常预后不良。皱胃右方变位应及时手术整复并配合药物治疗。

病畜六柱栏内站立保定，右髂部常规剪、剃毛和消毒。腰旁神经干传导麻醉和切口局部直线浸润麻醉。右髂部第3腰椎横突下15cm处垂直切口20~25cm，或右髂部上1/3、季肋直后，与肋骨平行切口20~25cm。真胃显露于创口下，居于右腹壁和肠袢之间。先穿刺放气减压，并做腹腔隔离缝合以免污染。在隔离的真胃壁上插入导管，间断性排出积液（10~30L不等），缝合皱胃切口，并拆除隔离缝合。将真胃推送至正常位置并加以缝合固定，最后闭合腹壁切口。

单纯真胃扩张而无扭转，则气液排除减压后，真胃即自行回复至正常位置，不必固定。如真胃顺时针前方变位。需将真胃从网胃与膈肌之间拽回至瓣胃后下方，使大弯部抵腹中线偏右的腹底壁而后加以固定。

如真胃变位于瓣胃上方或后上方，且大弯部朝上，即为真胃扭转。其瓣皱孔处拧转的，是RTA，其网瓣孔处拧转的，是OAT。用左手的手掌托着真胃的背部即大弯部，向前下方一直推送至网胃处，使瓣胃尽量向腹中线侧靠，将真胃拽回到瓣胃下方，使大弯部抵腹中线偏右的腹底壁处，恢复正常的位置；最后，通过牵引网膜，使幽门部暴露于腹切口处，实施幽门部网膜腹壁固定术，并按常规方法关腹。

药物治疗，尤其对皱胃扭转的病例，应当在术前进行适当体液疗法，防止出现进行性低血钾引发弥漫性肌肉无力；术后用药重点是纠正脱水、酸碱平衡失调及电解质紊乱。为此，对早期病例或仅有轻度脱水的，口服常水20~40L、氯化钾30~120g/次，2次/d；中度或严重脱水和代谢性碱中毒的病例，用高渗盐水3000~4000mL，静脉滴注；或用含40mmol/L氯化钾生理盐水20~60L，静脉注射。并发低血钙、酮病等疾病时，应同时进行治疗。

该病的预防应合理配合日粮，对高产奶牛增加精料的同时要保证有足够的粗饲料；妊娠后期，应少喂精料，多喂优质干草，适量运动；产后要避免低钙血症；对围产期疾病应及时治疗，减少或避免并发症的发生。

第七节　衰老

衰老是随时间推移，以及与环境相互作用而引起的分子、细胞和机体结构与功能的随机改变，可增加死亡的风险。衰老是一种复杂的自然现象且无法逆转，这是生物体内所有细胞、组织、器官和整体普遍存在的现象。关于衰老的机制，迄今已提出多种学说。动物发生衰老时，给疾病带来可乘之机。衰老是不可避免的，但延缓衰老确是可能的。

一、衰老的生理表现

衰老具有普遍性、内因性、进行性、有害性和单向性的特征。发达国家、发达城市的宠物已经迈入老龄化，老年病发病率持续增加。当衰老发生时，会伴随一系列的生理表现，但由于动物种属、生活环境和饲喂方式等条件的不同，生理表现也存在个体差异，不过整体大同小异，主要是生物体功能和动作等方面退化，主要在以下几个方面发生变化：

（1）身体组成和能量代谢的变化。被毛杂乱无光泽，脱毛，口鼻耳周围的皮毛变白或变黄；能量代谢失衡导致的肥胖或消瘦。

（2）皮肤的变化。皮肤干燥、弹性丧失，皮肤表面毛细血管扩张；黑色素细胞破坏，严重可导致黑色素瘤。

（3）感觉的变化。静纤毛的丢失导致相关性听力障碍；晶状体细胞终末分化导致白内障形成；嗅觉与味觉功能随年龄的改变较小。

（4）呼吸系统的变化。肺结构老化，包括肺萎缩，肺泡腔增大，肺泡壁变薄，肺泡壁弹性纤维减少等。

（5）消化系统的变化。胃功能退行；小肠平滑肌运动能力减退；消化液分泌减少。

（6）泌尿系统的变化。肾血流量减少；肾脏血管内膜纤维增生和肾小球滤过率下降，导致肾小球退行性硬化。

（7）免疫系统的变化。中性粒细胞和巨噬细胞的吞噬功能减弱；初始T细胞的形成能力、B细胞的数量及抗体的有效性降低。

（8）生殖系统的变化。性腺分泌性激素减少；生产性能降低。

二、衰老的机制

衰老的机制比较复杂，其相关的机制学说也较多，包括自由基学说、神经内分泌学说、免疫衰老学说和端粒学说等。

（一）自由基学说

衰老的自由基学说是Denham Harman在1956年提出的，即细胞氧化代谢会产生一个或多个孤电子，孤电子从正常的代谢途径脱离并引起生物分子损伤，损伤生物分子在细胞内积累进而导致细胞衰老。自由基是正常代谢的中间产物，反应能力强，可使细胞中的多种物质发生氧化，损害生物膜。同时能够使蛋白质、核酸等大分子交联，影响其正常功能。该学说可以解释一些实验现象，如自由基抑制剂及抗氧化剂可以延长细胞和动物的寿命；生物体内自由基防御能力随年龄的增长而减弱；寿命长的脊椎动物，体内的氧自由基产率低等。

（二）神经内分泌学说

该学说认为机体生长、发育、衰老、死亡均受神经内分泌系统控制。下丘脑是调节全身植物神经功能的中枢，随着增龄，下丘脑发生明显老化，使各种促激素释放激素的分泌减少或功能降低，垂体及其下属靶腺功能全面衰退，从而引起衰老。

（三）免疫衰老学说

该学说认为衰老与机体免疫功能减退和自身免疫增强有关。研究显示，衰老过程中，免疫细胞数目减少且亚群发生变化，T细胞对有丝分裂原刺激的增殖反应能力下降，而B细胞对外来抗原的反应能力下降，但对自身抗原的反应能力增强，从而造成自身免疫性疾病和恶性肿瘤等的发生率明显增加。

（四）端粒学说

端粒损伤导致衰老。端粒是位于染色体末端的高度重复的 DNA 结构，端粒的长度决定了细胞的寿命。而端粒存在末端复制问题，即 DNA 聚合酶无法在没有模板的情况下合成 DNA。这导致端粒随着细胞周期分裂逐渐缩短。胚胎组织能通过表达端粒酶（一种将DNA连接到染色体末端的核蛋白复合体）来规避这种侵蚀，从而为DNA合成提供了模板。然而，在缺乏端粒酶的成年动物组织中，重复的细胞分裂会导致DNA的逐渐侵蚀、保护蛋白结合的减少，进而发生衰老，随着一个有机体的老化，细胞积累了更多的分裂，如此循环加速端粒侵蚀和衰老的增加。

三、衰老相关性疾病

衰老分为生理性衰老和病理性衰老，生理性衰老是自然衰老，指生物体组织结构和生理功能都发生退行性改变，行动出现衰退。而病理性衰老是由于一些内因和外因使生物体与外在环境之间失去平衡，引起生物体发生病理性变化，促使生理性衰退现象提前发生而寿命缩短，增加死亡的风险。病理性衰老是由于生物体对环境适应力的减弱，从而易感受各种疾病的袭击。动物衰老不一定都患病，但衰老给疾病以可乘之机。生理性衰老和病理性衰老都会诱发疾病的发生。常见的衰老相关性疾病有：

1. 神经系统疾病

阿尔茨海默病是一种起病隐匿的进行性发展的神经系统退行性疾病，临床上以记忆障碍、失语、失用、失认、视空间技能损害、执行功能障碍以及行为改变等全面性痴呆表现为特征。伴侣动物在老年期易患此病。

2. 心血管系统疾病

随着动物增龄，动脉壁内的脂肪沉积物增多，会导致动脉粥样硬化和缺血，进而导致心力衰竭或心肌梗死。高血压和中风也是老年犬比较常见的慢性血管疾病。

3. 内分泌系统疾病

糖尿病发生在老年犬上的比例持续升高，胰岛素抵抗是Ⅱ型糖尿病的前体病变，Ⅱ型糖尿病会损害微血管血流，继发糖尿病肾病。

4. 骨骼系统疾病

衰老是致骨质疏松的一个重要因素。同时软骨退化造成的退化性关节炎、脊椎纤维环破损造成的椎间盘脱出等也都是伴随动物衰老而发生的疾病。

四、延缓衰老的方法

衰老是动物的必然结局。延缓衰老，延长寿命，减少衰老带来的相关疾病，一直以来都是研究热点。目前延缓衰老的方法有：

1. 改变食物/饲粮的配制

①喂食总量适当减少；②食物中的蛋白质含量稍许增高；③增加纤维成分、维生素和矿物质；④尽可能饲喂全干食（宠物）；⑤限制饲粮中的热量：有研究证实，热量限制能够延长啮齿类动物的寿命，减缓其衰老速度。

2. 适度运动

①不能不运动，也不可过度运动：适度锻炼能增加肌肉的需氧量，细胞氧化途径的适度过载能使ATP合成能力增强，规律性的体力活动可以预防细胞贮备能力的下降；②役用动物役用减少或不再役用。

3. 服用抗衰老药物

抗衰老药物的使用要根据种属及个体情况不同而决定。抗衰老药物种类较多，植物源性抗衰老药物包括维生素、茶多酚、大豆异黄酮、枸杞多糖和胡萝卜素等。动物源性抗衰老药物有肌肽、壳聚糖、抗氧化酶、褪黑素等。其中褪黑素在哺乳动物中是主要由松果体分泌的一种多功能吲哚激素，具有抗氧化、调节睡眠、调节昼夜节律、增强免疫力、抑制肿瘤等作用，在哺乳动物的复杂衰老进程中发挥重要作用。同时全球第一个人体试验也表明，连续使用生长激素、脱氢表雄酮（DHEA）和二甲双胍3个药物能促进胸腺重生，改善免疫，让生理年龄减少2.5岁。

参考文献

[1] Andrews AH, Blowey RW, Boyd H, et al.，牛病学——疾病与管理[M]. 韩博，苏敬良，吴培福，等，译. 2版. 北京：中国农业大学出版社，2006.

[2] Bernard. D Goldstein. Critical Role of Animal Science Research in Food Security and Sustainability[M]. US: National Academies Press, 2015.

[3] Ammeman C B，张开洲. 反刍动物矿物质营养进展[J]. 中国良种黄牛，1985(02): 76–82.

[4] Fiore E, Faillace V, Morgante M, et al. A retrospective study on transabdominal ultrasound measurements of the rumen wall thickness to evaluate chronic rumen acidosis in beef cattle[J]. BMC Veterinary Research, 2020, 16(01): 337.

[5] Gregory M. Fahy, Robert T.Brooke, Reversal of epigenetic aging and immunosenescent trends in humans[J]. Aging Cell, 2019, 18(06): e13028.

[6] Mchugh D,Gil J. Senescence and aging: Causes, consequences, and therapeutic avenues[J].The Journal of Cell Biology, 2018, 217 (01): 65–77.

[7] Nandakumar J, Cech T R. Finding the end: recruitment of telomerase to telomeres[J].Nature Reviews Molecular Cell Biology, 2013, 14(02): 69–82.

[8] PMcDonald. 动物营养学[M]. 6版. 北京：中国农业大学出版社，2007.

[9] Rudy W. Bilous. 糖尿病[M]. 刘东晖，译. 福州：福建科学技术出版社，2000.

[10] Snyder E, Credille B. Diagnosis and treatment of clinical rumen acidosis[J]. Veterinary Clinics of North America Food Animal Practice, 2017, 451. 33(3):451–461.

[11] Wideman R F, Rhoads D D,Erf G F, et al. Pulmonary arterial hypertension (ascites syndrome) in broilers: a review.[J]. Poult, 2013, 92(1): 64–83.

[12] Saif Y M. 禽病学[M]. 苏敬良，高福，索勋，译. 11版. 北京：中国农业出版社，2005.

[13] 陈传斌，许兰娇，余涵婧，等. 微量元素锌在家禽生产中的应用研究进展[J]. 饲料研究，2021, 44(05)：105-108.

[14] 陈代文，余冰. 动物营养学[M]. 4版. 北京：中国农业出版社，2021.

[15] 陈义凤. 矿物元素在动物代谢过程中的相互关系[J]. 饲料研究，1987(07)：12-16.

[16] 崔恒敏. 动物营养代谢疾病诊断病理学[M]. 北京：中国农业出版社，2011.

[17] 付玉玲，丁建中. 脂类营养综述[J]. 江西饲料，2007(05)：1-3.

[18] 甘孟侯，杨汉春. 中国猪病学[M]. 北京：中国农业出版社，2005.

[19] 高文婷，孙海基，王德华，等. 褪黑素延缓哺乳动物衰老的作用及其机制的研究进展[J]. 动物学杂志，2020, 55(06)：797-805.

[20] 呙于明. 家禽营养[M]. 3版. 北京：中国农业大学出版社，2016.

[21] 郭本恒. 食品中微量元素的吸收和代谢[J]. 食品科技，1997(01)：11-12.

[22] 韩庆彬. 瘤胃碱中毒的综合防治[J]. 中兽医学杂志，2017(04)：34.

[23] 贺普霄. 家畜营养代谢病[M]. 北京：中国农业出版社. 1994.

[24] 黄克和，唐建霞. 禽痛风研究现状[J]. 中国兽医杂志，2005, 41(05)：30-32.

[25] 黄克和. 奶牛酮病和脂肪肝综合症研究进展[J]. 中国乳业，2008(06)：62-66.

[26] 季海峰，张沅. 猪脂肪代谢的研究进展[J]. 中国畜牧杂志，1993(03)：60-62.

[27] 金东航. 牛病类症鉴别与诊治彩色图谱[M]. 北京：化学工业出版社，2020.

[28] 雷鹏，郭小权，曹华斌，等. 禽痛风的研究进展[J]. 中国家禽，2011, 33(02)：48-51.

[29] 李德发. 猪的营养[M]. 2版. 北京：中国农业大学出版社，2003.

[30] 李素云，王立芹，郑稼琳. 自由基与衰老的研究进展[J]. 中国老年学杂志，2007, 27(20)：2046-2047.

[31] 李玉鹏，张效生，王丽，等. 肉鸡腹水综合征的发病原因及防治研究进展[J]. 天津农业科学，2021, 27(07)：33-37.

[32] 刘宗平. 现代动物营养代谢病学[M]. 北京：化学工业出版社，2003.

[33] 吕林，罗绪刚，计成. 矿物元素影响畜禽肉质的研究进展[J]. 动物营养学报，2004(01)：12-19.

[34] 罗昭康，崔晓慧，张晓燕. 肾脏尿酸转运体的研究进展[J]. 生理科学进展，2019, 50(03)：231-235.

[35] 马吉锋，黄金涛，魏哲，等.硒在动物生产中的应用进展[J].中国畜禽种业，2021，17(01)：35-38.

[36] 梅慧生.人体衰老与延缓衰老研究进展——人体老化的特征和表现[J].解放军保健医学杂志，2003(01)：49-51.

[37] 庞全海.兽医内科学[M].北京：中国林业出版社，2015.

[38] 乔登江.猪营养代谢病的防治[J].兽医导刊，2016(18)：153.

[39] 饶辉.单胃动物和反刍动物对三大营养物质的消化机理及研究热点[J].湖南饲料，2008，(06)：24-26.

[40] 宋菲，吴晶.尿酸代谢过程中相关酶及转运体的研究进展[J].甘肃医药，2018，37(06)：484-487.

[41] 王春璇.奶牛疾病防控治疗学[M].北京：中国农业出版社，2013.

[42] 王海鸽，张冰，林志健，等.禽痛风的研究现状与思考[J].动物医学进展，2019，40(08)：114-118.

[43] 王洪斌.兽医外科学[M].北京：中国农业出版社，2011

[44] 王华凯，杨攀，朱敏，等.维生素K的生理功能及其在畜禽生产上的应用[J].动物营养学报，2019，31(06)：2525-2533.

[45] 王建辰，曹光荣.羊病学[M].北京：中国农业出版社，2002.

[46] 王建华.兽医内科学[M].北京：中国农业出版社，2014.

[47] 王俊东，董希德.畜禽营养代谢与中毒病[M].北京：中国林业出版社，2001.

[48] 王小龙.兽医内科学[M].北京：中国农业大学出版社，2004.

[49] 王小龙.畜禽营养代谢病和中毒病[M].北京：中国农业出版社，2009.

[50] 王宗元.动物矿物质营养代谢与疾病[M].上海：上海科学技术出版社，1995.

[51] 王宗元.动物营养代谢病和中毒学[M].北京：中国农业出版社，1997.

[52] 威廉.C.雷布汉.奶牛疾病学[M].赵德明，沈建忠，译.北京：中国农业大学出版社，2003.

[53] 吴晋强.动物营养学[M].第3版.合肥：安徽科学技术出版社，2010.

[54] 夏兆飞，利凯.脂溶性维生素之间互作关系[J].中国兽医杂志，2002.(12)：34-36.

[55] 肖定汉.奶牛病学[M].北京：中国农业大学出版社，2012.

[56] 熊阿玲.生猪检疫中猪黄疸的鉴别诊断及防控对策研究[J].吉林畜牧兽医，2020，

41(8)：120–121.

[57] 胥洪灿，郑小波，聂奎，等.犬猫疾病诊疗学[M].重庆：西南师范大学出版社，2006.

[58] 徐世文，唐兆新.兽医内科学[M].北京：中国农业出版社，2019.

[59] 徐世文.奶牛病防治技术[M].北京：中国农业出版社，2012.

[60] 宣长和，马春全，陈志宝，等.猪病学[M].3版.北京：中国农业大学出版社，2010.

[61] 杨金生，刘云志，宫江，等.肉鸡猝死综合征的病因及综合防制[J].养禽与禽病防治，2017(08)：34–36.

[62] 叶俊华.犬病诊疗技术[M].北京：中国农业出版社，2004.

[63] 张乃生，李毓义.动物普通病学[M].北京：中国农业出版社，2019.

[64] 张乃生，杨正涛，郭梦尧.犬营养代谢病[J].中国比较医学杂志，2010，20(11)：126–128.

[65] 张乃生.畜禽营养代谢病防治[M].北京：金盾出版社，2005.

[66] 张樟进，王小民.下丘脑的衰老[J].生理科学进展，1991，22(3)：285.

[67] 赵茹茜.动物生理学[M].6版.北京：中国农业出版社，2019.

[68] 赵永会，李淑艳，卞振东，等.奶牛皱胃右方变位的手术整复方法[J].中国奶牛，2020(02)：41–44.

[69] 赵占宇，吴跃明，刘建新.高产奶牛酮病的研究进展[J].中国草食动物，2007，27(05)：58–60.

[70] 周杰.动物生理学[M].北京：中国农业大学出版社，2018.

[71] 祝俊杰.犬猫疾病诊疗学[M].北京：中国农业出版社，2005.

[72] 邹学东.畜禽营养代谢病的诊断与防治[J].中国动物保健，2021，23(04)：32+45.

[73] 刘宗平.现代动物营养代谢病学[M].北京：化学工业出版社，2003.

[74] 崔恒敏.动物营养代谢疾病诊断病理学[M].北京：中国农业出版社，2011.

[75] 王哲，姜玉富.兽医诊断学（第1版）[M].北京：高等教育出版社，2010.

[76] 王建华.兽医内科学（第4版）[M].北京：中国农业出版社，2018.

[77] 葛均波，徐永健，王辰.内科学（第9版）[M].北京：人民卫生出版社，2019.

[78] 廖二元.内分泌代谢病学（第3版）[M].北京：人民卫生出版社，2012.

[79] 刘宗平，现代动物营养代谢病学[M]，北京：化学工业出版社，2003.

[80] 王建华，兽医内科学（第四版）[M]，北京：中国农业出版社，2011.

[81] 崔恒敏.动物营养代谢疾病诊断病理学[M].北京：中国农业出版社，2010.

[82] 高德仪.犬猫疾病学[M].北京：中国农业大学出版社，2001.

[83] 胥洪灿，郑小波，聂奎，等.犬猫疾病诊疗学[M].重庆：西南师范大学出版社，2006.

附表

附表1 碳水化合物、脂类和蛋白质代谢性疾病快速查询表

代谢病	猪	鸡/禽	牛	羊	犬猫
营养性衰竭	P52	P52	P52	P25	—
低糖症	P56	—	P56	P58	P56
脂肪肝	—	P60	P64	—	P65
肥胖综合征	—	—	P74	P68	P77
高脂血症	—	—	—	—	P80
黄脂病	P83	—	—	—	P83
禽痛风	—	P90	—	—	—
肉鸡脂肪肝和肾综合征	—	P88	—	—	—
牛酮病	—	—	P85	—	—
瘤胃酸中毒	—	—	P94	P94	—
瘤胃碱中毒	—	—	P99	P99	—

附表2 矿物质元素代谢性疾病快速查询表

元素		猪	鸡/禽	牛	羊	犬猫
钙和磷	缺乏	P102	P102	P102	P102	P102
	过量	P102	P102	P102	P102	—
镁	缺乏	P103	P103	P103	P103	P103
	过量	—	P103	—	P103	P103
钠、钾、氯	缺乏	P103	P103	P103	P103	P103
	过量	P104	P104	P104	P104	P104

续表

元素		猪	鸡/禽	牛	羊	犬猫
硫	缺乏	—	P104	—	P104	—
	过量	P105	P105	P105	P105	P105
铁	缺乏	P105	P105	P105	P105	—
	过量	P105	P105	P105	P105	P105
铜	缺乏	P105	P105	P106	P106	P106
	过量	P106	P106	P106	P106	—
硒	缺乏	P106	P106	P106	P106	—
	过量	P107	P107	P107	P107	
锌	缺乏	P107	P107	P107	P107	
	过量	—	P108	P108	P108	—
碘	缺乏	P108	—	P108	P108	
	过量	P108	P108	P108	P108	
锰	缺乏	P109	P109	P109	P109	—
	过量	P109	P109	P109	P109	
钴	缺乏	P110	P110	P110	P110	P110
	过量	P110	—	P110	P110	P105
氟	缺乏	—	—	—	—	—
	过量	P110	—	P111	P111	P111
钼	缺乏	—	P111	P111	P111	—
	过量	P111	—	P111	P111	
铬	缺乏	P112	P112	P112	—	—
	过量	P112	P112	—	—	—
硅	缺乏	—	P112	—	—	—
	过量	—	—	P112	P112	—
镍	缺乏	P113	P113	P113	P113	P113
	过量	—	P113	P113	—	—

附表3 维生素代谢性疾病快速查询表

维生素		猪	鸡/禽	牛	羊	犬猫
维生素A	缺乏	P114	P114	P114	P114	P114
	过量	P114	P114	P114	—	P114
维生素D	缺乏	—	P115	P115	—	P115
	过量	P115	P115	—	—	P115
维生素E	缺乏	P115	P115	P115	P115	P115
	过量	—	P116	—	—	—
维生素K	缺乏	P116	P116	—	—	—
	过量	P116	P116	—	—	P116
维生素B$_1$ （硫胺素）	缺乏	P116	P117	—	—	P117
	过量	—	—	—	—	—
维生素B$_2$ （核黄素）	缺乏	P117	P117	—	—	—
	过量	—	—	—	—	—
维生素B$_3$ （烟酸）	缺乏	P117	P117	—	—	—
	过量	—	—	—	—	—
维生素B$_5$ （泛酸）	缺乏	—	P118	—	—	P118
	过量	—	—	—	—	—
维生素B$_6$ （吡哆醇）	缺乏	P118	P118	—	—	P118
	过量	—	—	—	—	—
维生素B$_7$ (生物素）	缺乏	P119	P119	—	—	P119
	过量	—	—	—	—	—
维生素B$_{12}$ （钴胺素）	缺乏	P119	P119	P119	—	—
	过量	—	—	—	—	—
维生素C （抗环血酸）	缺乏	P120	P120	—	—	P120
	过量	P120	P120	—	—	P120
叶酸	缺乏	P120	P120	—	—	P120
	过量	—	—	—	—	—
胆碱	缺乏	P121	P121	—	—	P121
	过量	—	—	—	—	—

附表4　内分泌代谢性疾病快速查询表

代谢病	猪	鸡/禽	牛	羊	犬猫
母畜卵巢功能障碍	P122	—	P124	P126	P129
流产	P132	—	P133	P135	P137
生产瘫痪	P139	—	P140	P142	P144
笼养蛋鸡产蛋疲劳综合征	—	P145	—	—	—
胎衣不下	P147	—	P148	P149	—
产后无乳综合征	P151	—	P153	P154	P155
种公畜生殖障碍	P156	—	P158	P159	P160
肢/趾端肥大症	—	—	—	—	P161
尿崩症	—	—	P163	—	P163
甲状腺功能减退	—	—	—	—	P164
甲状腺功能亢进症	—	—	—	—	P166
甲状旁腺功能减退	—	—	—	—	P168
甲状旁腺功能亢进	—	—	—	—	P169
糖尿病	—	—	—	—	P172
肾上腺皮质功能减退	—	—	—	—	P175
肾上腺皮质功能亢进	—	—	—	—	P177

附表5　动物常见其他代谢病

代谢病	猪	鸡/禽	牛	羊	犬猫
应激	P181	P181	P181	P181	P190
异食癖	P190	P190	—	P190	P190
肉鸡腹水综合征	—	P193	—	—	—
肉鸡猝死综合征	—	P197	—	—	—
肉鸡胫骨软骨发育不良	—	P201	—	—	—
奶牛皱胃变位	—	—	P204	—	—
衰老	—	—	—	—	P210